《奥运中的科技之光》 赵致真 著 ISBN:978-7-04-024621-6

　　本书全景式讲述了奥运中的科学知识。通过经典赛事和有趣故事，深入浅出分析了各项体育运动中生动丰富的力学现象，广泛涉及生物学、化学、数学、电子技术、材料科学等诸多领域，并介绍了当代体育科学前沿的最新成果。旨在"通过科学欣赏体育，通过体育理解科学"，也有助于大中学生开阔眼界，巩固和深化课堂知识。

《拉家常·说力学》 武际可 著 ISBN:978-7-04-024460-1

　　本书收集了作者近十多年来发表的32篇科普文章。这些文章，都是从常见的诸如捞面条、倒啤酒、洗衣机、肥皂泡、量血压、点火等家常现象入手，结合历史典故阐述隐藏在其中的科学原理。这些文章图文并茂、文理兼长、读来趣味盎然，其中有些曾获有关方面的奖励。本书可供具有高中以上文化读者阅读，也可以供大中学教师参考。

《诗情画意谈力学》 王振东 著 ISBN:978-7-04-024464-9

　　本书是一本科学与艺术交融的力学科普读物，内容大致可分为"力学诗话"和"力学趣谈"两部分。"力学诗话"的文章，力图从唐宋诗词中对力学现象观察和描述的佳句入手，将诗情画意与近代力学的发展交融在一起阐述。"力学趣谈"的文章，结合问题研究的历史，就日常生活、生产中的力学现象，风趣地揭示出深刻的力学道理。这本科普小册子，能使读者感受力学魅力、体验诗情人生，有益于读者交融文理、开阔思路和激发创造性。

《伟大的实验与观察——力学发展的基础》 武际可 著
ISBN:9978-7-04-050669-3

　　本书共收录了关于力学发展史上最伟大的实验与观察的15篇文章。内容包括：漫谈杠杆原理；斯蒂文的尖劈；第谷的观测与开普勒的行星运动定律；伽利略的斜面上下落实验；碰撞问题；玻意耳的抽气筒；惠更斯的摆钟；郑玄的弓和胡克的弹簧；伯努利的流体动力学；焦耳的热功当量实验；卡文迪许的万有引力实验；湍流；傅科的转动指示器；金属的疲劳；沃尔夫定律。本书可以供高中生、理工科大学生、教师、科研工作者以及对科学史感兴趣的读者阅读和参考。

《创建飞机生命密码（力学在航空中的奇妙地位）》乐卫松 著
ISBN:978-7-04-024754-1

　　本文从国家决定研制具有中国自主知识产权的大客机谈起，通过设计的一组人物，用情景对话、访谈专家学者的方式，描述年轻人不断探索，深入了解整个飞机研发过程中，力学在航空业中特别奇妙的地位。如同人的遗传密码DNA，呈长长的双螺旋状，每一小段反映人的一种性状，飞机的生命密码融入飞机研发到投入市场的长历程，力学乃是组建这长长的飞机生命密码中关键的、不可或缺的学科。这是一篇写给大学生和高中生阅读的通俗的小册子，当然也可供对航空有兴趣的各界人士浏览阅读。

《力学史杂谈》武际可 著　ISBN:978-7-04-028074-6

　　本书收集了作者近20年中陆续发表或尚未发表的30多篇文章，这些文章概括了作者认为对力学发展乃至于整个科学发展比较重要而又普遍关心的课题，介绍了阿基米德、伽利略、牛顿、拉格朗日等科学家的生平与贡献，也介绍了我国著名的力学家，还对力学史上比较重要的理论和事件，如能量守恒定律、梁和板的理论、永动机等的前前后后进行了介绍。本书对科学史有兴趣的读者，对学习力学的学生和教师，都是一本难得的参考书。

《漫话动力学》贾书惠 著　ISBN:978-7-04-028494-2

　　本书从常见的日常现象出发，揭示动力学的力学原理、阐明力学规律，并着重介绍这些原理及规律在工程实践，特别是现代科技中的应用，从而展示动力学在认识客观世界及改造客观世界中的巨大威力。全书分为十个专题，涉及导航定位、火箭卫星、载人航天、陀螺仪器、体育竞技、大气气象等多个科技领域。全书配有大量插图，内容丰富而广泛；书中所引的故事轶闻，读起来生动有趣。本书对学习力学课程的大学生是一本很好的教学参考书，书中动力学在现代科技中应用的实例可以丰富教学内容，因而对力学教师也大有裨益。

《涌潮随笔——一种神奇的力学现象》　林炳尧 著
ISBN:978-7-04-029198-8

　　涌潮是一种很神奇的自然现象。本书力图用各个专业学生都能够明白的语言和方式，介绍当前涌潮研究的各个方面，尤其是水动力学方面的主要成果。希望读者在回顾探索过程的艰辛，欣赏有关涌潮的诗词歌赋，增加知识的同时，激发起对涌潮、对自然的热爱和探索的愿望。

《科学游戏的智慧与启示》 高云峰 著 ISBN:978-7-04-031050-4

本书以游戏的原理和概念为线索，介绍处理问题的方法和思路。作者用生动有趣的生活现象或专门设计的图片来说明道理，读者可以从中领悟如何快速分析问题，如何把复杂问题简单化。本书可以作为中小学生的课外科普读物和试验指南，也可以作为中小学科学课教师的补充教材和案例，还可以作为大学生力学竞赛和动手实践环节的参考书。

《力学与沙尘暴》 郑晓静 王 萍 编著 ISBN:978-7-04-032707-6

本书从一个力学工作者的角度来看沙尘暴、沙丘和沙波纹这些自然现象以及与此相关的风沙灾害和荒漠化及其防治等现实问题。由此希望告诉读者对这些自然现象的理解和规律的揭示，对这些灾害发生机理的认识和防治措施的设计，不仅仅是大气学界、地学界等学科研究的重要内容之一，而且从本质上看，还是一个典型的力学问题，甚至还与数学、物理等其他基础学科有关。

《方方面面话爆炸》 宁建国 编著 ISBN:978-7-04-032275-0

本书用通俗易懂的文字描述复杂的爆炸现象和理论，尽量避免艰深的公式，并配有插图以便于理解；内容广博约略，几乎涵盖了整个爆炸科学领域；本书文字流畅，读者能循序渐进地了解爆炸的各个知识点。本书可供高中以上文化程度的广大读者阅读，对学习兵器科学相关专业的大学生也是一本很好的入门读物，同时书中的知识也能帮助爆炸科技工作者进一步深化对爆炸现象的理解。

《趣味振动力学》 刘延柱 著 ISBN:978-7-04-034345-8

本书以通俗有趣的方式讲述振动力学，包括线性振动的传统内容，从单自由度振动到多自由度和连续体振动，也涉及非线性振动，如干摩擦阻尼、自激振动、参数振动和混沌振动等内容。在叙述方式上力图避免或减少数学公式，着重从物理概念上解释各种振动现象。本书除作为科普读物供读者阅读以外，也可作为理工科大学振动力学课程的课外参考书。

《音乐中的科学》 武际可 著 ISBN: 978-7-04-035654-0

本书收录了二十几篇与声学和音乐的科学原理相关的文章，涉及声音的产生和传播、声强的度量、建筑声学、笛子制作、各种乐器的构造和发声原理等。本书对中学、大学，包括艺术类专业的师生都是一本很好的课外读物；对于广大音乐爱好者和对自然科学感兴趣的读者，以及这些方面的专业人员也是一本难得的参考书。

《谈风说雨——大气垂直运动的力学》 刘式达 李滇林 著
ISBN: 978-7-04-037081-2

本书以风、雨为主线，讲解了20个日常生活中人们普遍关心的大气科学中的力学问题，内容包括天上的云、气旋和反气旋、风的形成、冷暖气团相遇的锋面、龙卷风和台风等。本书图文并茂，通俗易懂，可供对力学和大气科学感兴趣的学生和教师参考。

《趣话流体力学》 王振东 著 ISBN: 978-7-04-045363-8

本书是一本科学与艺术交融的流体力学科普读物，力图从中国古代诗词中对流体力学现象观察和描述的佳句入手，将诗情画意与近代流体力学的内容交融在一起阐述。希望就自然界和日常生活中的流体力学现象，风趣地揭示出深刻的力学道理。本书是一本适合文理工科大学生、大中专物理教师、工程技术人员及诗词和自然科学爱好者的优秀读物。

《趣味刚体动力学（第二版）》 刘延柱 著 ISBN: 978-7-04-049968-1

本书通过对日常生活和工程技术中形形色色力学现象的解释学习刚体动力学。全书包括67个专题，均以物理概念为主，着重内容的通俗性与趣味性。本书除作为科普读物外，也可作为理工科大学理论力学课程的课外参考书。希望读者在获得更多刚体动力学知识的同时，能对身边的力学问题深入思考，增强对力学课程的学习兴趣。理工科大学本科生可通过对专题注释的阅读，提高利用力学和数学模型分析解释实际现象的能力。

"十三五"国家重点图书出版规划项目
北京市科学技术协会科普创作出版资金资助

伟大的实验与观察

——力学发展的基础

武际可 著

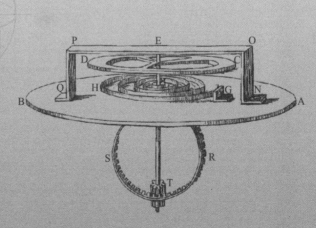

高等教育出版社·北京

图书在版编目（ＣＩＰ）数据

伟大的实验与观察：力学发展的基础／武际可著
. --北京：高等教育出版社，2018.10
（大众力学丛书）
ISBN 978-7-04-050669-3

Ⅰ. ①伟… Ⅱ. ①武… Ⅲ. ①力学-通俗读物 Ⅳ.
①O3-49

中国版本图书馆 CIP 数据核字（2018）第 229974 号

策划编辑 王 超 责任编辑 王 超 封面设计 赵 阳 版式设计 于 婕
插图绘制 于 博 责任校对 殷 然 责任印制 尤 静

出版发行	高等教育出版社	网 址	http://www.hep.edu.cn
社 址	北京市西城区德外大街 4 号		http://www.hep.com.cn
邮政编码	100120	网上订购	http://www.hepmall.com.cn
印 刷	北京市大天乐投资管理有限公司		http://www.hepmall.com
开 本	850mm×1168mm 1/32		http://www.hepmall.cn
印 张	5.5		
字 数	130 千字	版 次	2018年10月第1版
购书热线	010-58581118	印 次	2018年10月第1次印刷
咨询电话	400-810-0598	定 价	32.80 元

本书如有缺页、倒页、脱页等质量问题，请到所购图书销售部门联系调换
版权所有 侵权必究
物 料 号 50669-00

中国力学学会《大众力学丛书》编辑委员会

中国力学学会《大众力学丛书》
总　序

　　科学除了推动社会生产发展外，最重要的社会功能就是破除迷信、战胜愚昧、拓宽人类的视野。随着我国国民经济日新月异的发展，广大人民群众渴望掌握科学知识的热情不断高涨，所以，普及科学知识，传播科学思想，倡导科学方法，弘扬科学精神，提高国民科学素质一直是科学工作者和教育工作者长期的任务。

　　科学不是少数人的事业，科学必须是广大人民参与的事业。而唤起广大人民的科学意识的主要手段，除了普及义务教育之外就是加强科学普及。力学是自然科学中最重要的一个基础学科，也是与工程建设联系最密切的一个学科。力学知识的普及在各种科学知识的普及中起着最为基础的作用。人们只有对力学有一定程度的理解，才能够深入理解其他门类的科学知识。我国近代力学事业的奠基人周培源、钱学森、钱伟长、郭永怀先生和其他前辈力学家非常重视力学科普工作，并且身体力行，有过不少著述，但是，近年来，与其他兄弟学科（如数学、物理学等）相比，无论从力量投入还是从科普著述的产出看来，力学科普工作显得相对落后，国内广大群众对力学的内涵及在国民经济发展中的重大作用缺乏有深度的了解。有鉴于此，中国力学学会决心采取各种措施，大力推进力学科普工作。除了继续办好现有的力学科普夏令营、周培源力学竞赛等活动以外，还将举办力学科普工作大会，并推出力学科普丛书。2007年，中国力学学会常务理事会决定组成《大众力学丛书》编辑委员会，计划集中出版一批有关力学的科普著作，把它们集结为

《大众力学丛书》，希望在我国科普事业的大军中团结国内力学界人士做出更有效的贡献。

这套丛书的作者是一批颇有学术造诣的资深力学家和相关领域的专家学者。丛书的内容将涵盖力学学科中的所有二级学科：动力学与控制、固体力学、流体力学、工程力学以及交叉性边缘学科。所涉及的力学应用范围将包括：航空、航天、航运、海洋工程、水利工程、石油工程、机械工程、土木工程、化学工程、交通运输工程、生物医药工程、体育工程等等。大到宇宙、星系，小到细胞、粒子，远至古代文物，近至家长里短，深奥到卫星原理和星系演化，优雅到诗画欣赏，只要其中涉及力学，就会有相应的话题。本丛书将以图文并茂的版面形式，生动鲜明的叙述方式，深入浅出、引人入胜地把艰深的力学原理和内在规律介绍给最广大范围的普通读者。这套丛书的主要读者对象是大学生和中学生以及有中学以上文化程度的各个领域的人士。我们相信它们对广大教师和研究人员也会有参考价值。我们欢迎力学界和其他各界的教师、研究人员以及对科普有兴趣的作者踊跃撰稿或提出选题建议，也欢迎对国外优秀科普著作的翻译。

丛书编委会对高等教育出版社的大力支持表示深切的感谢。出版社领导从一开始就非常关注这套丛书的选题、组稿、编辑和出版，派出了精兵强将从事相关工作，从而保证了本丛书以优质的形式亮相于国内科普丛书之林。

中国力学学会《大众力学丛书》编辑委员会

2008年4月

目 录
Contents

谈谈实验与观察

实验与观察是科学方法的一个重要的方面。17 世纪的近代科学革命，就是从系统的实验和观察开始的。

为了比较深入地了解实验和观察，以及它们在科学方法中的地位，我们需要把话说得长一点，先从什么是科学和什么是科学方法开始谈起。

通俗说来，科学方法就是摆事实、讲道理两个方面。所谓摆事实，就是这里要讲的实验与观察。而讲道理就是严格的逻辑推理，包括演绎推理和归纳推理，还包括数学计算和论证。用科学方法去探索客观规律的过程，以及所得到的规律本身，综合起来就称为科学。

进一步，我们要问，究竟什么是科学所要探索的客观规律呢？一般地说，当我们研究的对象在条件变化时，它保持不变的性质，就是我们所要研究的"规律"。特别是对于力学和物理学来说，我们最关心的客观规律，就是当时间和空间变化时，客观物质及其运动保持不变性质。例如，在近地面处空气阻力可以忽略的条件下抛出物体的运动轨迹是一条抛物线，这个事实，无论是在北京、罗马、纽约，今天、明天、还是在一千年以前做实验，而且无论是向什么方向抛出，都是不变的。这个事实是相对时间、空间的变化不变的。我们在力学和物理学中研究的内容大致都是满足这个条件的。

自然会产生这样的疑问，哲学家告诉我们——世间的一切事物不都是发展变化着的吗？不是说运动是永恒的规律吗？科学既然是研究客观世界的，为什么不是去研究运动和变化，却更关心那些在时空变化中不变的事物呢？不错，科学是要研究客观事物的发展变化。不过，变与不变是任何事物的两个方面，为了认识事物的变化，首先要了解它有哪些方面是不变的。比方说，我们研究一个人，他每天每时都在变化，例如身高、体重，一些细胞死掉了，又有一些新生的细胞，每一个瞬时之后，这个人就不完全是前一个人。不过，这个人还是有许多没有变的，例如，他的名字、他的父母、他的出生地、他的指纹等等。幸好有许多方面是没有变的，我们研究和认识他(她)才成为可能。如果这一切每时每刻都在变，我们对他(她)便是不可认识的了。所以，为了研究事物的变化，首要的事情是研究它的不变的性质，这样我们才能追踪它，把握它。

我们回过头来谈科学方法的两个方面。推理在古时候，也称为思辨。思辨和推理发展得比较早。各国在古代都有认识世界的思辨推理的发展，我国在春秋战国时代，有名家、墨家、道家等，通过思辨推理达到新的认识。庄子的"一尺之杵，日取其半，万世不竭"达到朴素的对极限的认识。

思辨推理，有它自己的规律，即逻辑学和数学，特别是早期几何学的发展。而逻辑学的发展需要有民主的环境。古希腊由于有六七百年的贵族民主政治，所以在世界各地区中，其逻辑学的发展独占鳌头。因此关于自然科学的思辨推理也得到了空前丰富的结果。物质的元素说、物质最小单位的原子说、数学上的极限理论的萌芽等，莫不是思辨推理的辉煌成果。

由于思辨推理的发展，便形成对一切问题寻根问底的方法和知识门类，这就是哲学。

然而，人类的知识毕竟不是单靠思辨推理能够完全积累起来的。单靠思辨推理，有时会把我们引到荒诞不经的地步，如"腐草化萤、腐肉生蛆"、"天堂"、"地狱"、"生死轮回"，等等。

为此，人们需要把思辨推理所得到的结果与实际发生的情况进行对照，这便是实验与观察。把推理与实验和观察结合起来，这就是近代科学方法的开始。14 世纪，实验作为一种独立的科学认识手段进入认知方法论的领域，这也标志着科学脱离哲学而独立成为认知世界的知识体系。

最早的实验是一种名叫"假想的实验"或被称为"思想实验"，实际上还是属于思辨的范围。它是把思辨与推理得到的结果与经验相对照。如 16 世纪荷兰物理学家斯蒂文（Simon Stevin，1548—1620）通过假想的搁置于光滑楔形体上的链条实验，得到了不平行的三力平衡条件，从而奠定了静力学的基础。而伽利略最著名的假想实验是他对亚里士多德关于重物比轻物下落快的驳斥。他想象一块重的石头和一个轻的球，用绳子绑在一起，然后从塔上扔下来。如果球下落得比石头慢，它必然会阻碍石头的正常下落而使它变慢。但另一方面，球和石头一起比单独的石头重，因而应当下落得比单独的石头快。由此推出，只有它们是以相同的速度下落才可能避免这一矛盾。

有些自然发生的过程，是无法进行实验模拟的。如天体的运动。人们对自然的观察起源也很早，最古代的天文学知识都是由观察天象积累的。但只靠观察而没有严格的推理，只能够形成"天圆地方"和托勒密"地心说"等基于直观得到的自然界的模型。只有凭借严密的思辨推理，包括数学论证和计算，和已有的观察相结合，才会产生哥白尼"日心说"的新理论。"以太"是一种思辨推理的产物，依靠这种概念，推动了光的波动说的发展，也促进了弹性力学和流体力学的发展。人们曾经设计过许多实验，想测量它的物理常量，不过经过综合各种实验的矛盾和严格推理思辨的结果，终于否定了它的存在。

值得指出的是，作为推理的一种形式的归纳推理，是在实验和观察充分发达之后总结出来的思辨形式，大约是 16 世纪之后逐渐形成的。

人类大量并系统地进行科学实验，大致是从英国学者培根（Francis Bacon，1561—1626）开始的。他把实验作为自然科学的基本方法，认为人的感官有一定的局限，容易发生主观和片面的错误，只有深入地进行科学实验，才能弥补感官的缺陷，保证感觉经验的可靠性。培根是一个系统地制定了认知的归纳法的哲学家。他认为，归纳法是认知的最可靠的方法。他把归纳法叫做"新工具"。他在 1620 年出版了一本书《新工具》，书中系统论证了归纳法。他在 1626 年出版的另一本关于自然史的著作《木林集》（Sylva Sylvarum，英文译为 A Natural History in Ten Centuries，中文经常译为《十个世纪的自然史》，在后来的版本中，出版商把《新工具》也纳入了其中），该书的最早版本一共有十章，每章有 100 个自然段，培根把每个自然段称为一个实验，所以全书一共介绍了 1000 个实验。书中所介绍的实验比较庞杂，分类也不十分严密。但培根毕竟是最早介绍科学方法和实验的重要性并且介绍了许多实验和观察的作者。所以有人称培根为现代"科学实验之父"。

实际上，从严格意义上进行科学实验的，应当提到的是两位科学家。一位是意大利的伽利略（Galileo Galilei，1564—1642），另一位是英国的玻意耳（Robert Boyle，1627—1691）。严格而精密的现代实验应当是由他们开始的。

伽利略在 1638 年出版的《关于两门新科学的对话》中系统地介绍了他研究物体下落运动的实验和关于梁的强度的实验，并且得到了落体的等加速运动等的结论。这本书是人类历史上对物体运动认真进行实验和理论研究的开始。

玻意耳 1660 年出版了一本书，书名为《关于空气弹簧及其效果的新物理实验》（New Experiments Physico-mechanical Touching the Spring of the Air and its Effects），书中介绍了有关空气性质的实验 43 个，其中包含了他得到的人类历史上第一个关于物性的定律——玻意耳定律。

科学实验是经得起重复、推敲和责难的。值得一提的是对于玻意耳的实验，曾经有一些十分著名的学者（包括当时英国著名哲学家霍布斯）反对，并由此引起一场论战。其实质是反对者认为思辨才是客观真理的标准，并且对实验进行多方指责。论战的结果，一方面帮助玻意耳更加完善了自己的实验，另一方面，以反对者失败而告终。实验最终登上了科学的殿堂。并且真理的最后审判者应当是实验和观察。

本书简要介绍了在整个力学发展史上 15 个伟大的实验与观察。其中大部分实验是由著名的科学家一人指导之下完成的，也有一些实验是经过几代人继承来完成的，像卡文迪许关于万有引力的测量，就是在改进前人装置基础上完成的。特别是对于一种现象的观察，绝不是一人之力所能完成的，例如对金属疲劳现象的观察。不管怎样，这些实验和观察所得到的结论是经得起重复检验的。它们已经成为全人类在认知自然中得到的最宝贵的财富。可以毫不夸张地说，这些实验与观察，奠定了现代力学最重要的基础。

从这些简要介绍中可以认识到，有价值的实验和观察，是同严密的推理思辨紧密结合的产物。不论是在这些实验之前的计划和设计，还是在实验和观察之后的解释和总结，几乎每一个环节都需要缜密的推理思考。只有这样，才能够得到科学发展中的重要理论和定律。

人类最近三四百年的历史证明，近代科学的所有进展莫不是思辨推理和观察实验相结合的产物。我们平常说的科学发展中的假设与求证，无非是不断进行思辨推理和观察实验的某些环节。

所以爱因斯坦说过："西方科学的发展是以两个伟大的成就为基础的，那就是：希腊哲学家发明的形式逻辑体系（在欧几里

大众力学丛书

得几何学中），以及通过系统的实验发现有可能找出的因果关系（在文艺复兴时期）。"爱因斯坦在 1953 年说的这段话，很精辟地概括了科学方法的最根本的方面，即思辨推理与观察实验。

值得提到的是，在重视观察与实验的同时，从 19 世纪开始，在哲学上出现了一种称为"实证主义"或"实证哲学"的流派。该流派虽然非常重视观察和实验，在这一点上，对当时的科学发展是有推动作用的，而且起过非常重要的作用。但是当把观察实验强调到不适当的程度，从而反对合理的思辨推理，事情就会走向反面。到了 20 世纪初，尽管原子的大小、质量都可以借助实验和推理间接地准确地得到，可是一些实证学者就是不承认。著名物理学家、哲学家、心理学家马赫就是其中之一，他说："你真的看到它了吗？"。这种只有眼见为实的态度，实际上在一定程度上阻碍了科学的发展。在今天，借助于实验，并且依靠推理，我们可以认识寿命只有一亿亿分之一秒的基本粒子的存在。在探求极为遥远的天体、极为微小的世界、极为古老的秘密时，我们还是要用思辨推理和观察实验相紧密结合的方法。思辨推理和观察实验缺一不可，把其中之一强调到不适当的程度，也是不可行的。

1

S e c t i o n

给我支点，我就可以举起地球
—— 漫谈杠杆原理

主标题的这句话据说是古希腊学者阿基米德（Archimedes，公元前 287—公元前 212）说的。他的根据就是他系统研究并精确推理得到的杠杆原理。

上过初中的人，都会在物理课上学过杠杆原理。这个原理是说，一根刚性的无重量的杆 *AB*（如图 1-1（a））支点为 *O*，*A* 端作用力 *P*，*B* 端作用力 *Q*，*AO* 长度是 *a*，*BO* 长度是 *b*，则它平衡的

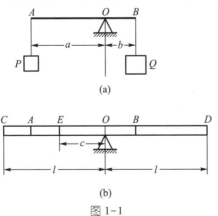

(a)

(b)

图 1-1

大众
力学
丛书

条件是

$$Pa = Qb \qquad (1.1)$$

如果把 P 称为力，a 称为杠杆的力臂，把 Q 称为重，b 称为重臂。则这个平衡条件可以简单地总结为：力乘以力臂等于重乘以重臂。

深究一步，要问这个规律是怎样来的，说来话长。

人们可以回答说，通过实验得到的。在中学的教材上，也是让学生通过亲自做实验得到这个结论的。例如，要学生在杠杆平衡的条件下，称量重物的质量 P、Q，再用尺子量出力臂和重臂的长度 a、b，然后把它们相应地相乘，确定是不是相等。其实，这只能够说是一种验证。我们要问，你验证了几组数据，都是对的，你怎么能够由此就下结论说这个公式是普遍对呢？即对无论 P、Q 和 a、b 取什么值，只要满足公式，就一定平衡呢？

这个问题不止我们在发问，在几千年以前古人早已经在发问了。而且他们有各种不同的巧妙的回答。我们就来介绍古希腊著名的力学家阿基米德是怎样回答这个问题的。

阿基米德要从一个最为简单的事实作为根据，由它开始做推论。他认定的最简单的事实是：一根均质的直杆，它的重心一定是在直杆的中点。进一步，一个物体的重心相当于物体所受的重力都集中作用在这一点。这个事实可以看作是一个实验结论，也可以看作是人类千百年经验的总结。于是可以看作我们进行论证的公理。图 1-1(b) 画的就是这种情形，长度为 $2l$ 的均质直杆 CD，重心在它的中点 O，因此在这一点支撑，这根杆就是平衡的。

现在，我们换一个角度来看这根杆。用 E 点把 CD 分为两部分 CE 和 ED，两段的重量分别为

$$P = \rho g(l-c) , \quad Q = \rho g(l+c) , \qquad (1.2)$$

其中 ρ 为杆的密度，g 为重力加速度。而 $l-c$ 和 $l+c$ 分别为两根杆的长度。

CE 段长度的一半是 $(l-c)/2$，ED 段长度的一半是 $(l+c)/2$。所以，由图可见

CE 段的重心 A 与支点 O 的距离 $a=(l-c)/2+c=(l+c)/2$，

$$(1.3a)$$

ED 段的重心 B 与支点 O 的距离 $b=(l+c)/2-c=(l-c)/2$。

$$(1.3b)$$

我们已经把图 1-1(b) 的均质直杆的平衡，转换为图 1-1(a) 的杠杆平衡问题了。把上面得到的 P、Q、a、b 代入杠杆平衡的条件，的确有

$$Pa=Qb=\rho g(l-c)(l+c)/2。$$

看来给了一个均质直杆，我们能够找到许多(实际上是无穷多)如图 1-1(b) 的杠杆平衡系统与之等价，因为分点 E 的位置可以随意确定。现在，如果给了一个已经处于平衡的杠杆如图 1-1(a)，也就是已知满足 (1.1) 式的 P、Q、a、b，我们还能够找到一个如图 1-1(b) 的均质直杆的平衡与之对应。

首先由 (1.2) 和 (1.3b) $P=\rho g(l-c)=2\rho gb$，可以得到 $\rho g=P/2b$。

进一步，由式 (1.2)，把两个式子相加，得 $P+Q=2\rho gl$，再把两个式子相减，得 $Q-P=2\rho gc$。从这两个式子很易于得到 $l=(P+Q)/2\rho g$ 和 $c=(Q-P)/2\rho g$。

无疑，均质直杆的支撑比起一般的杠杆原理要简单得多。但是后者却可以通过严格的逻辑推演由前者得到，而前者是通过人们的实验和长期经验总结得出的可靠结果。这种从简单可靠的结果推演出比较复杂的情形，在整个科学发展史上曾经是最重要的方法。欧几里得的平面几何、一直到后来伽利略、牛顿(Sir Isaac Newton,1642—1727)关于物体运动的研究，一直都是沿着这种精神做学问。无怪乎，美国科学史家理查德·S·威斯特福尔说："两个主题统治着 17 世纪的科学革命——柏拉图、毕达哥拉斯传统和机械论哲学。"意思是，由柏拉图和毕达哥拉斯开创的几何

大众力学丛书

学的逻辑推理的方法和观察大自然的力学方法的两条主要路径的汇合形成了 17 世纪科学革命，就是这个道理。

阿基米德的这种推论的方式，也可以看作一种实验，不过不必真的去做。这种实验被称作思想实验，或假想的实验。在本书的后面我们还会遇到几个著名的思想实验。

阿基米德实在是一位聪明的学者，在古代，世界上有不少人研究过杠杆，也得出过不少有益的结果，像古希腊的欧几里得、亚里士多德、中国古代的墨子都曾经研究过杠杆。但是能够得到精密的定量结果，并且又能够运用这些结果得到更为丰富的力学和数学成果的，阿基米德是第一人。例如他利用杠杆原理证明了弦与抛物线所形成的抛物弓形的面积是弦端和抛物线顶点连起来的三角形面积的 4/3，他还利用杠杆原理论证了许多平面图形重心的位置等等。此外，阿基米德最早在流体静力学中发现了浮力原理，现今也称为阿基米德原理，即物体在液体中所受的浮力等于其排开液体的重量。由于他的研究，力学才最早形成比较有系统的学问。基于这些，人们把阿基米德称为力学之父。

关于阿基米德的经历流传得并不多。他到亚力山大城求过学，他的父亲曾想让他学医而他却迷上了数学。他还有两位要好的朋友：科隆和厄拉多塞，他们经常通信讨论问题。除了这些，有关他的生平是一串说明他如醉如痴地追求科学、淡泊名利和地位的故事：

在维特鲁威（Vitruvius，公元前 1 世纪）写的《建筑十书》中，较详细地记载了阿基米德发现浮力定律的故事："阿基米德确实曾发现过许多惊人的事项，在所有这些事项中我要说明的一项似乎显然是无限巧妙的。希耶隆（Hieron）在叙拉古萨厄确实掌握了王权以后，由于万事顺利，决定把金冠作为奉献物献给永生的诸神祇，放在某座神庙里。这时以工资为条件订立了制造合同，用砝码称好黄金给予了承做的工匠。在指定的日子工匠把制造精致的作品提交给国王检验，明示了这个王冠的重量与砝码平衡。

后来出现了这样的消息：在这顶王冠的制作中提去了黄金，掺加了等量的白银。希耶隆虽然气愤受到了愚弄，但是想不出捉住这个窃贼的办法，因此要求阿基米德对这件事替他想一个主意。当阿基米德对这个问题正在思索时，偶然往浴场去，进入浴池时他观察到和沉入其中的身体同量的水溢流到浴池外面。因为这一事启发了问题的解释，就立刻欢天喜地地跳跃起来，从浴池中飞奔出去，赤着身体跑回家里，一边用希腊语反复叫喊着：'赫乌瑞卡(heureka，找到了的意思)！赫乌瑞卡！'

据说后来就由这一发现得到了头绪，制造出与王冠的质量相同的两个块体，一块是金一块是银。做好这些后，在盆里盛水直到边沿，把银块沉落到它的里面。与沉落在盆里的银块的同体积的水便溢流出来。然后把银块捞起来，用塞克斯塔里俄斯量斗衡量减少量，再倒回水去达到边沿，和以前状态一样。这样就知道多少质量的银相当于已知的水量。

接着便把金块同样浸入盛满了水的盆里，把它捞起来之后，用同样的方法加水和量水来看，就知道减少的水不是同体积而是较小体积的。这就符合同质量的金块比同质量的银块的体积小。然后，又同样把盆盛满了水，并把王冠浸入，就发现由于王冠比同质量的金块溢出的水较多，因而确认出在金里掺加了银，承做的工匠显然是一个诈骗犯。"[1]

阿基米德在思考问题或演算时，总是习惯于在沙土上写写画画，有时他在地板上铺上沙，有时把燃烧的灰烬铺开以供写画。那时，有一种习俗，出浴后，在身上涂抹橄榄油。他常常是忘记穿衣服而在自己涂了油的皮肤上画图写字。

罗马人为了征服叙拉古，派了马赛拉斯带军攻城，传说阿基米德发明了抛石机打击敌人，他们只好退却，采用长期围困的办

① 维特鲁威.建筑十书[M].高履泰，译.北京：中国建筑工业出版社，1986：199-200.

法来取胜。到公元前 212 年，罗马人攻入了叙拉古。传说阿基米德正在沙地上画数学图形并陷入沉思。罗马战士向他喝问，沉思中的阿基米德并没有理会他问的是什么，只是说："别动我这些图。"于是罗马大兵将阿基米德捅死了。后来英国哲学家怀特海（A. N. Whitehead，1861—1947）说："没有一位罗马人是由于全神贯注于一个数学图而丧生。"[①] 这话指的是罗马人征服了希腊之后，就没有像阿基米德那样忠诚于科学的人了。

正是由于阿基米德对杠杆原理有透彻的研究，所以他才有"给我支点，我就可以举起地球"的豪言壮语。其实，我们只要注意公式（1.1），令其中的 Q 是地球的重量，而 P 是阿基米德能够压在杠杆上的力量，尽管 Q 很大，但如果令 a 充分大而 b 充分小，公式（1.1）也能够成立，就是说阿基米德的力量能够和杠杆另一端的地球的重量平衡，这不就是把地球举起来了吗！

杠杆原理在阿基米德之后，沉寂了一千年，其间没有多大的进展。一直到公元 13 世纪，一个名为约旦努（Jordanus de Nemore）的欧洲人，没有留下任何传记和生平的记载，却留给世人一本讲述静力学的书——《重物的科学》。在书中讲述杠杆时，不是按照阿基米德的方式介绍，而是另辟蹊径。

约旦努对杠杆原理的叙述不是像公式（1.1）的表示，他首先给处于平衡时的杠杆一个扰动（图 1-2），即让它绕支点 O 产生一个小转动，这时 A 端有一个垂直位移 HA'，其长度记为 h，B 端也有一个垂直位移

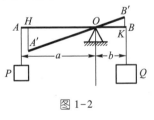

图 1-2

KB'，其长度记为 k，由于三角形 $HA'O$ 与三角形 $KB'O$ 是相似的，所以应当有

$$a/b = h/k \qquad (1.4)$$

① （美）贝尔. 数学精英[M]. 徐源，译. 北京：商务印书馆，1994：37.

由于这个关系约旦努能够把杠杆原理叙述为：在杠杆处于平衡时，对杠杆进行小扰动，则力乘以力端在力方向上的位移等于重乘以重端在重方向上的位移，用公式表示就是

$$Ph = Qk \tag{1.5}$$

看了约旦努的这个表述，也许你会认为它和原来的表述，只改变了不起眼的一丁点。可别小看这一丁点。由于它把力与沿着力作用线的位移用乘积联系了起来，我们知道 17 世纪后在整个力学和物理领域引起革命性变化的一条主线是功、能、虚功原理、机械能量守恒等新概念和新原理，而这不起眼的一丁点却是为这些奠定基础迈出最早和最重要的第一步！值得注意的是，在 1627 年（明天启 7 年）我国出版的第一本力学著作，由传教士邓玉函著，王徵笔录的《远西奇器图说》中，不仅介绍了阿基米德的论证，而且介绍了约旦努的表述（图 1-3）。该书称：

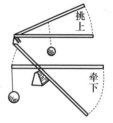

图 1-3 《远西奇器图说》中解释杠杆原理的插图

杠杆原理"乃重学（即早期'力学'之译名）之根本也，诸法皆取用于此。有两系重是准等者，其大重与小重之比例就为等梁长节与短节之比例，又为互相比例。"书中还说："有重系杠头上，支矶在内，杠柄用力，从平向下相距之所与杠头系重向上相距之所比例等于杠杆两端之比例。"短短几句话，把我们前面介绍的意思完全包含无遗。

熟悉了约旦努对杠杆原理的表述，我们回过头来看看阿基米德的豪言壮语。我们知道地球的质量是 $Q = 5.98 \times 10^{24}\,\mathrm{kg}$，设阿基米德能够举起 $P = 100\,\mathrm{kg}$ 的质量，还假定要是他把地球举起 $k = 1\,\mu\mathrm{m}$，也就是 $10^{-6}\,\mathrm{m}$，这个高低只有利用显微镜才能够观察到，即使只举起这一点微小的距离，阿基米德需要走多少距离呢？把上面这三个数代入公式（1.5），就会立即算出

大众力学丛书

$$h = \frac{Qk}{P} = \frac{5.98 \times 10^{24} \times 10^{-6}}{100}\,\mathrm{m} = 5.98 \times 10^{16}\,\mathrm{m} = 5.98 \times 10^{13}\,\mathrm{km}$$

我们知道世界上最快的是光线的传播速度，是 $3 \times 10^5\,\mathrm{km/s}$。光线行进一年的距离是 $9.461 \times 10^{12}\,\mathrm{km}$。那么 h 这个距离就约相当于 6 光年的距离。这就是说如果要让阿基米德把地球举起仅仅 $1\,\mu\mathrm{m}$ 高，可怜的阿基米德即使以光速奔跑，也需要跑 6 年！

这样的分析告诉我们，理论上能够成立的结果在实际中并不一定可行。

2

Section

斯蒂文的尖劈

在整个力学的发展历史上，平行力的平衡、合成与分解是最先被研究清楚的。早在古希腊时代，在阿基米德的著作中，杠杆原理、简单几何形体的重心，就已经被精确地表述了。所谓重心，无非是作用在物体上平行力合力的作用点。在阿基米德之后所有涉及力学的书，总是讨论能够归结为平行力的简单机械，或者是讨论物体的重心。

至于论及非平行力的平衡、合成和分解，那是在阿基米德之后的一千七百多年才由荷兰的科学家和军事工程师斯蒂文（图2-1）在他1586年出版的《静力学原理》（英译名为 The Elements of the Art of Weighing，图2-2）中才解决的。

图 2-1 斯蒂文像

这样一个人们经常打交道的力学问题，经过上千年都没有解决，而斯蒂文是怎样解决的呢？首先斯蒂文是一位军事工程师，他有很丰富的实践经验。我们知道，自从人类有大规模战争以后，

大众力学丛书

15

军事的研究，一直是走在各个专业研究之前的。这些经验能够引领他提出最为重要的关键问题去研究。其次，他亲自做了大量的实验，从中总结出本质规律。最后，他还是一位杰出的数学家，精确的计算和逻辑推理，帮助他取得重要成果。

DE
BEGHINSELEN
DER WEEGHCONST
BESCHREVEN DVER
SIMON STEVIN
van Brugghe.

TOT LEYDEN,
Inde Druckerye van Chriftoffel Plantijn,
By Françoys van Raphelinghen.
cIↃ. IↃ. LXXXVI.

图 2-2 静力学原理的扉页

　　我们从斯蒂文的书中，摘取几幅实验的示意图来说明他的一些实验结果。图 2-3(a) 表示一个尖劈 ABC，AC 边是水平的。调整滑轮的高度使绳索 DF 平行于 AB，重物与斜面为光滑接触。当系统处于平衡时 E 的重量与 D 的重量之比等于边长 BC 与 AC 之比。就是说如图 2-3(b) 作用在斜面上的重物当沿着斜面推它向上时，推力 F 与重力 W 之比等于 $BC/AB = \sin\theta$。于是重物的受力和平衡条件如图 2-3(b) 的左上角的小图，推力 F 与斜面的支反力 R 所形成的矩形，其对角线就是重物的重力。

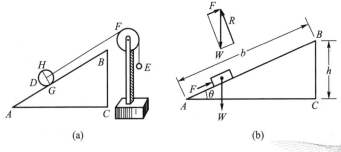

(a)　　　　　　　　(b)

图 2-3 处于斜面上的球 D 与滑轮另一边的球 E 的平衡

图 2-4(a) 表示一个重物通过 **CD** 和 **CE** 两根绳索把它吊起来。两根绳索的张力和重物所受的重力处于平衡。一旦绳索的方向也就是两个拉力的方向确定了，它们的大小就能够唯一地由如图 2-4(b) 所示的平行四边形来确定，这时重力对应的 **FC** 是平行四边形的对角线。

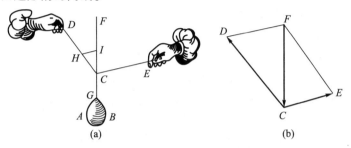

图 2-4　三力的平行四边形定理示意

图 2-3、图 2-4 是斯蒂文的研究结果。至于他是怎样思考得到这些结果的，其中关键的一步是要回答下面的问题。如图 2-5(a) 所示是一个三角形的尖劈，令三角形的最长边 **AC** 水平地放置，在 **AB** 和 **BC** 两边上放置一根密度均匀的链条，假定链条和尖劈的接触是光滑的。问链条会不会滑向尖劈的一侧？图 2-5(b) 是当年斯蒂文著作中的简化插图。

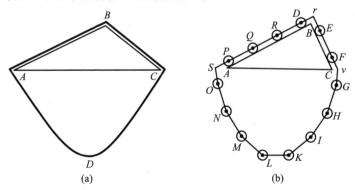

图 2-5　斯蒂文的尖劈

斯蒂文是这样来思考的，他设想另外取一根和 ABC 链条一样密度均匀的链条 ADC，如果把它在 A、C 两点悬挂起来，由于这两点是水平的，悬挂起来后下垂的形状是对称并平衡的。现在把链条 ABC 和 ADC 在 A 点和 C 点连接使它们形成一个闭环。如果原来搭在尖劈上的链条会向一侧滑动，则这个闭环也会向同一侧滑动，而且会永远滑动下去，结果就会形成一个永动机。他说由于永动机不可能，所以搭在尖劈上的链条一定是平衡的，即不会向任何一侧滑动。

既然论证了放置在尖劈上的链条一定会是平衡的。紧接着需要定量地来说明这种平衡的力的大小。如图 2-6，如果用 F_{AB}，F_{BC} 分别表示每边上链条沿

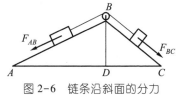

图 2-6　链条沿斜面的分力

着斜边的分力，以方块来表示，那么在平衡的条件下，必有

$$F_{AB} \times AB = F_{BC} \times BC$$

令 $\alpha = \angle A$，$\gamma = LC$，BD 为从 B 引向 AC 的垂线，则有 $\sin\alpha = \dfrac{BD}{AB}$，

$\sin\gamma = \dfrac{BD}{BC}$，所以有 $\dfrac{F_{AB}}{F_{BC}} = \dfrac{\sin\alpha}{\sin\gamma}$. 这一事实用文字表示出来就是，放在斜面上的物体所受沿斜面方向的重力分量与倾角的正弦成正比。斯蒂文原来是对当 $\angle B$ 为直角时的尖劈来论证的，实际上，这个结论对于 $\angle B$ 是什么角都是对的。

斯蒂文做了以上的论证后，对这个论证是很满意的，事实上这也可能是他认为毕生最为满意的事情。所以他把这个链条的插图印在他的书的扉页上（图 2-2），后来据说他去世后，人们为了表示对他的崇敬，把这个图刻在了他的墓碑上。

斯蒂文对链条平衡的这番推理，在自然科学史上是很著名的，有人认为与其说它是一种推理，倒不如说它是一种实验，是一种假想的实验，即设想一种装置，如果运行，会产生和经验相

违背的结果。16 世纪以后自然科学面临着大变革和大飞跃。自然科学的这种大飞跃的标志之一，就是现代科学实验走上舞台并日益成为主要角色。斯蒂文的链条推理就是这类假想实验最为杰出的代表之一。

斯蒂文发现的力的平行四边形定律，在力学史上标志着奠定静力学基础的完成。在它之前，关于平行力的分解、合成与平衡已经有了充分的发展，现在又有了非平行力的分解、合成与平衡的精确规律，所以说静力学理论体系的基础已经奠定了，剩下的就是更进一步完善和补充了。所以说 1586 年出版的斯蒂文的书《静力学原理》在整个力学史上，是一本具有里程碑意义的巨著。

有史以来，人们将能够改变力的大小和方向的装置，统称"机械"。利用机械既可减轻体力劳动，又能提高工作效率。机械的种类繁多，而且比较复杂。人们曾尝试将一切机械都分解为若干种简单机械，通常是把以下几种机械作为基础来研究。例如，杠杆、滑轮、轮轴、齿轮、斜面、螺旋、劈等，统称为简单机械。前四种简单机械是杠杆的变形，所以称为"杠杆类简单机械"。而后面三种，虽然斜面和尖劈在公元前 2000 多年，在埃及人建造金字塔时就已经在使用了，可是直到斯蒂文时代才有可能精确表达它的规律。一旦物体在斜面上的平衡规律搞清楚了，人们就能够发展出进一步的应用。螺旋、螺丝、螺母和丝锥也差不多是在中世纪发明出来并得到广泛应用，后来还有基于螺旋起重的千斤顶（图 2-7），精确了解它们的力学行为都是随着对斜面的力学研究进一步发展的结果。随后还由于弹性力学的发展，使得能够精确计算螺栓各个部位的受力。

中国古代把不同物件连接在一起，有的是用榫卯，更多的是用钉子，靠一根光滑的金属杆插入，完全凭借摩擦力来紧固的。西方到了中世纪才发明了螺丝和螺栓（图 2-8）来紧固。我国早期的钉子是铁匠锻打的方形钉子，到清末才进口了西方机制的圆截面的钉子，称为"洋钉"。螺丝和螺栓也大约是那时传到中国来

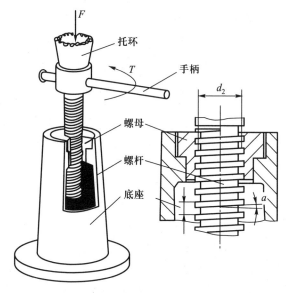

图 2-7　千斤顶原理

的。细想起来，螺丝钉的确是一项了不起的发明，在近代的所有机器、车辆、建筑物和日常用具中几乎都离不了它。螺丝钉虽然也是靠摩擦力来紧固，不过由于在斜度小的斜面上搁置的物体比起斜度大的斜面上搁置的物体更不容易滑下来，螺

图 2-8　螺栓与螺丝钉

丝钉的紧固程度要比光滑的直钉子牢固得多。所以美国纽约时报将它列为世界中世纪十大发明之一。而对它的精确掌握，全靠斯蒂文由尖劈发现的物体在斜面上平衡的理论。追本溯源，它还是和几千年来人们常见的上下坡、走倾斜的路、马拉车等现象相关的。只不过需要的是深入的理解和研究。斯蒂文做到了，他迈出了最重要的一步。

最后让我们对斯蒂文本人做一些介绍。斯蒂文，荷兰人，他

是一位军事工程师，曾当过商人的雇员。他可能是文艺复兴以后第一个认真对力学问题钻研的人。斯蒂文和伽利略几乎是同时代人，他比伽利略年长，但是他们研究的领域是不同的，斯蒂文是静力学方面的奠基人，而伽利略则是动力学的开山祖师，斯蒂文侧重在地面上的实际工程问题（图2-9），而伽利略则对天体的问题有兴趣得多。斯蒂文著有《静力学原理》(1586年)、《数学札记》(1605-1608年)。

图2-9　斜面式的马车（斯蒂文原书的插图）

斯蒂文在静力学上不仅对刚体，而且对流体静力学也作出了宝贵贡献。从他的著作中，已经可以看到虚位移或虚速度原理的萌芽。

在研究滑轮和滑轮组时，斯蒂文发现：在任何这种滑轮系统中，每个被支承的重物与它由于该系统的任意给定位移所带动而移过的距离的乘积在整个系统中处处相等时，该系统仍保持平衡。

斯蒂文进行了流体压力实验（图2-10），称为"流体静力学悖论"：承受的总压力与面积的大小和它上面的液体的柱高的乘积成正比，而与容器的形状无关。这个结论再前进一步便是所谓的帕斯卡原理。他还测定了液体内各点的压强。

斯蒂文研究了浮体平衡问题。他发现物体的重心必与浮心处于同一垂线上。他猜想到：为了平衡稳定，物体的重心必须低于浮心，而前者比后者愈低稳定程度就愈高。现在看来，这后一半

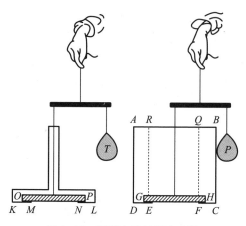

图 2-10　斯蒂文流体压力实验

说法不对，应当是：浮体的稳定性由重心相对于定倾中心（液体向上压力合力的作用点）的位置来决定。

在动力学方面，斯蒂文在他的著作中描述了他与他的一位朋友所做的落体实验：取两个铅球，一个的重量十倍于另一个，把它们同时从离开一块板 30 英尺的高处坠落，他们看到，两个铅球似乎同时到达这块板。这是第一次对亚里士多德关于不同重量下落速度不同理论的反驳。

斯蒂文在数学上的贡献是引进了十进小数。在他之前，欧洲人记数，大多采用古罗马记数法，如把 348 记为 CCCXLVIII。意大利的达·芬奇把印度的十进制记数法传到了欧洲，但是还没有使用十进小数。斯蒂文引进了十进小数的思想是很了不起的，不过它迟迟不能推广。过了 100 多年，在法国大革命后的第二年，于 1790 年才在法国以法律的形式肯定下来。即使这样，在英国、美国等一些国家，至今有的书上还在使用 12 进制的单位。

3

Section

第谷的观测与开普勒的
行星运动定律

1543 年哥白尼出版了划时代的巨著《天体运行论》，书中系统阐明了日心说。哥白尼的日心说学说虽然使天文学起了革命性的变化，为太阳系各行星的运动画出了一幅正确的图像，但这还仅仅是定性的，在定量上还存在许多问题。随着观测资料的积累，哥白尼系统表现出的误差越来越明显。在 1600 年前后，根据哥白尼学说编制的行星运行表的预测值的误差达到了 4°~5°，这样大的误差表明哥白尼的理论还不完善。

日心说虽然逐渐为人们接受。不过不论是地心说还是日心说，都认为行星都是沿着圆形轨道运行，或是沿着若干圆形轨道（本轮、均轮）作复合运动的。这种在一切运动中圆运动是最和谐、最美的观点正好是亚里士多德学说关于运动的核心。由于观察的精密，这种基于行星作圆运动的理论结果与观察数据之间的误差越来越大，于是这种复合的圆便愈多。再加上这些圆可以是偏心的，所以经过不断修正，这种复合的圆愈多同实际观测的误差便愈小，其误差甚至可以说还是相当精确的。但是由于圆用的愈多，太阳系的图像便愈复杂。

大众
力学
丛书

23

为了进一步发展日心说，为了编制更为精确的星图，还需要更好的观测、更深入的理论思考。而这些便落在哥白尼的后来人身上了，其中最伟大的并对后来天文学乃至整个自然科学产生巨大影响的事件，莫过于丹麦天文学家第谷的观测和他的后继者开普勒根据观测资料总结出的行星运动的三大定律。

3.1 第谷的观测工作

第谷·布拉赫(Tycho Brahe,1546—1601,图3-1)出身于丹麦的贵族，自幼酷爱天文学占星书和炼金术。第谷的父亲 Otte Brahe 是丹麦皇家法庭的重要人物，第谷之母 Beate Bille 亦来自一个出过不少神父和政治家的家族。第谷后来记述说，其伯父 Jørgen Brahe 未经其父母同意就在第谷约两岁时带走了他。第谷跟没有子女的伯父母 Jørgen Brahe 和 Inger Oxe 生活。

图 3-1　第谷像

1559 年 4 月 19 日，第谷进入在哥本哈根大学学习。他除了遵照伯父的意愿修读法律之余，亦修读了很多其他的科目，并对天文学产生兴趣。1560 年 8 月 21 日的日食特别引起了第谷的注意，于是他开始在一些教授的帮助下研究天文学。1563 年，在研习了许多星图之后，第谷发表了如下的议论："我研究过所有现有星表，但它们中没有一个和另一个相同。用来测量天体的方法好比天文家一般多，而且那些天文家都一一反对。现在所需要的是一个长期的，从一个地点来测量的计划，来测量整个天球。"这也许是第谷下决心从事天文观测的开始。那时他只有 17 岁。

由于 1572 年 11 月 1 日，有一颗"新星"（超新星）出现在仙后座，他论证这是一颗新星，并撰写了论文出版了《新星》(De

Stella Nova），这颗新星后人认定是一颗超新星，并命名为第谷超新星。这件事，促使他献身于天文观测工作并编制星表。

从 1576 年开始，他靠丹麦国王腓特烈二世资助，在赫芬岛上建立了一所大的天文台，称为观天堡。他拥有当时最精密的天文观测仪器。在那里他一直工作到 1599 年。在腓特烈二世死后，他不得不逃往布拉格，受聘为布拉格的奥国御前天文学家，直到 1601 年逝世。

他对天文学上最重要的贡献是：

① 提供了当时最精确的星图；

② 研究了观测星球时的大气折射引起的误差；

③ 研究了月球运动的不规则性；

④ 研究、制造和改进天文测量仪器。

第谷在理论上并不是哥白尼的拥护者，他提出一种介于托勒密与哥白尼之间的体系。这个体系认为月亮与太阳是绕地球运行的，而其余的行星则绕太阳运行。应当指出的是，在明末清初传教士传入中国的宇宙体系（《崇祯历书》中所介绍的宇宙体系）基本上就是第谷的体系。图 3-2 是第谷的宇宙体系的示意图。其中 A 是地球，B 是月亮，C 是太阳。

据记载，1566 年 12 月 10 日正在罗斯托克大学就读的第谷参加了 Lucas Bachmeister 教授家的婚礼舞会，与丹麦贵族 Manderup Pasbjerg 发生了争吵。12 月 27 日他们再度争吵，导致两天后发生了决斗。黑暗中的这场决斗使第谷失去了一部分鼻梁，之后第谷开始对医学和炼金术产生了兴趣。据说在他的余生，他把一个银和金做成的替代品粘在脸上以替代鼻梁。一些人，比如弗雷德里克·艾贺伦和塞西尔·亚当斯猜测假鼻子里也有铜。艾贺伦写道，当 1901 年 6 月 24 日打开第谷的墓穴时，第谷的头骨上有绿色痕迹，这可能是铜绿引起的。塞西尔·亚当斯提到了医学专家检验第谷遗体时发现的绿色痕迹。一些历史学家推测，他在不同的场合戴不同的假鼻梁，因为铜鼻梁会更舒适，也比贵金属

大众
力学
丛书

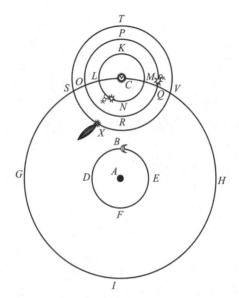

图 3-2 第谷的宇宙体系

要轻。

第谷在布拉格出席宴会后突然得了肾脏病，并且在 11 天后于 1601 年 10 月 24 日那天去世。

3.2 开普勒的生平

开普勒（Johannes Kepler，1571—1630，图 3-3）出生于德国，其祖父曾任魏尔市市长，其父是一位职业军人，经常外出，并于 1588 年离家出走。开普勒自幼多病，5 岁时染上天花，几乎死去。

开普勒 16 岁时进入德国蒂宾根大学求学，受秘密宣传哥白尼学说的天文学教授麦斯特林（F. Mästlin）的影响，成为这一学

图 3-3 开普勒像

说的拥护者。开普勒在大学里表现出非凡的才能,当时学习成绩优秀者才允许进一步学习神学,开普勒在大学期间一直沉迷于神学,并且一心向往成为一名神职人员。

一个偶然的机会,使他进入了天文学领域。当时在格拉茨一所教会学校的数学教员去世了,在他的老师麦斯特林的推荐下,22 岁的开普勒于 1594 年 4 月 11 日去格拉茨任数学教员。他在业余时间内做编制年历和预言,并且研究天文学。

1596 年,开普勒 25 岁时发表了《宇宙的神秘》一书。在书中他突发奇想,他说正多面体有 5 种,行星连地球共有 6 个,6 个行星轨道所在的球面正好外接于或内切于这 5 种正多面体,即任何两个相邻行星之间正好存在一种正多面体,其外接球与内切球正好是两个行星轨道的大小。同时,开普勒认为引起行星运动的力是太阳产生的。

开普勒曾将他的书赠送给许多人,如伽利略、第谷等,当第谷读了他的书后,虽然不同意开普勒的观点,但是对开普勒的才能是颇为赞赏的。开普勒同伽利略通过很多次信,尤其在伽利略为宣传日心说而受审的困难日子里,开普勒曾给以热情的支持。

1600 年初,开普勒到布拉格访问了第谷,在第谷那里逗留了 3 个月。同年 10 月他再次来到布拉格,不久第谷逝世,临终前第谷将关于火星的观测资料赠给他,嘱咐他继续完成关于行星运动的《鲁道夫星表》,且嘱咐他一定要尊重观测事实。

开普勒与第谷是个性很不同的科学家,第谷长于观测,而开普勒从小目力不佳、不善于观测却长于理论思维,开普勒是哥白尼学说的热心追随者,而第谷却还是一位地心说的拥护者。

第谷去世后,开普勒被任命为接替第谷为皇家天文学家。之后开普勒在布拉格工作了 11 年,这 11 年是他生活相对稳定、科学成就最为丰硕的时期。

3.3　开普勒三定律的发现

早在哥白尼之前，人们就注意到太阳、地球和外行星在一条直线上的情况，这就是所谓"冲"。在地球上，为了观测火星的"冲"，只要不断测量太阳、火星的夹角，一旦这个夹角成180°，这就是火星的"冲"。人们早就注意到，每过780日火星"冲"一次。哥白尼从这个数字经过推理，算出火星绕太阳的实际运行周期为687日。事实上，地球在780日中绕太阳走过了2周又49°，即共走了769°，而火星走过了1周又49°，即总共走了409°。第谷在世时，从1576年到1599年在赫芬岛上一共观测了20多年。这就是说，第谷大约一共能观测到12次火星"冲"。幸运的是开普勒在第谷的观测资料中，恰好找到了12次火星"冲"的记载。开普勒正好是利用这些记载来计算的。

开普勒从一次"冲"开始，当过了687日时，火星绕太阳回到了原处，而地球绕太阳走了差43天不到2周。如图3-4，43天对应于φ_1角，这个角度可以在当时测太阳和火星的夹角得到。令S为太阳，E为地球，M为火星，在"冲"时地球为E_0，过了687日地球为E_1，再过687日地球为E_2，再过687日地球为E_3，…。SM同SE_i（$i=1,2,3,\cdots$）之间的角度是可以及时测得的，设SM为1，则SE_i（$i=1,2,3,\cdots$）可以通过计算得到。这样就得到一串地球的位置，从而将地球的轨道画出来。开普勒发现地球的轨道是一个圆，而太阳却不在圆心。据他计算，太阳距圆心大约为半径的1/59，即约为半径的0.017倍。开普勒还注意到地球的运动速度不是均匀的，在近日点比远日点要快。

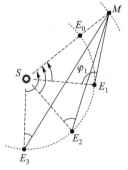

图3-4　开普勒计算地球
轨道示意图

有了地球的轨道，开普勒接着去推算火星的轨道。很自然地，他认为火星的轨道也是一个偏心圆，但是太阳的偏心在什么方向，偏心距多大，需要推算。为此，他从第谷的 12 组火星"冲"的记录中，选择了 4 组，即火星轨道圆上的 4 点来推算太阳的位置。在当时，这是一项十分复杂的计算工作，他先假定一个太阳的位置，然后计算，反复调整，大约进行了 70 次计算，费了 4 年的时间。终于定下一个比较满意的火星偏心圆轨道。

但是，这个轨道虽然与选定的 4 次"冲"符合很好，对另外的 8 次"冲"却有误差。这个误差大约是 8′角度，这是一个不大的误差。8′大约是一个圆周角的 8/(360×60) = 1/2700。不过开普勒心里很清楚，这仍然是一个不小的误差，因为他相信第谷的观测误差绝不会超过 2′。开普勒为追求更高的精度，终于不得不打破火星轨道是偏心圆的框框。他试验了多种圆和类似卵圆的曲线，最后他才试验椭圆轨道。结果 12 次"冲"都符合很好。

他最后推求火星实际轨道的方法可以表示为图 3-5，令 M_1，M_2，M_3，… 分别代表火星"冲"的位置，E_1，E_2，E_3，… 是地球每次"冲"过后 687 天的位置，这时火星仍在原来位置上。因为地球轨道上的 $SE_i(i=1,2,3,…)$ 是已知的，$SM_i(i=1,2,3,…)$ 同 $SE_i(i=1,2,3,…)$ 之间的夹角可以由实测得到，简单的三角计算便可以得到 $SM_i(i=1,2,3,…)$ 的长度，12 次"冲"可以计算出火星轨道上的 12 个点。计算表明火星轨道是一个椭圆。这便是开普勒第一定律。

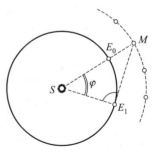

图 3-5 开普勒计算火星轨道示意图

应当指出，要冲破天体运动是圆运动的思维定式是不容易的。早在公元前 4 世纪，古希腊的学者亚里士多德（Aristotle，384BC—322BC）总结当时关于运动规律的认识时，认为位移运动最基本的运动形态是"圆周运动与直线运动两种"。他说："作位置移动的事物其运动轨迹不外是圆周形、直线形或这两者的混合。"而且他还说："位移运动以圆周旋转为第一。""循环运动是一切运动的尺度，所以它必然是第一运动（因为一切事物都是被它们之中的第一者计量的）。""循环运动是第一的运动，所以他是其他运动的尺度。"于是天体运动是作圆周运动的观念便牢固地树立起来了。在开普勒之前，没有一个人能够突破这个框框。托勒密没有，哥白尼也没有，他们都认为天体运动是沿着圆周运动或者是圆的复合运动。

据考证，开普勒曾经把自己的研究结果写信告诉过伽利略，并且考虑当时在欧洲主张和宣传日心说的是少数人，他对伽利略坚持日心说的斗争给以热情的支持。开普勒在写给伽利略的信中说："假如我判断正确的话，在整个欧洲出色的数学家中只有极少数是我们的伙伴……。"然而伽利略在回信中却没有对开普勒的行星椭圆轨道的结果给以支持。这说明伽利略也没有突破行星圆周运动的框框。这种谜一样的现象，只能说明在当时，伽利略虽然在宣传日心说方面是一位离经叛道者，但是在关于行星运动轨道方面仍然是一位循规蹈矩的学者。而开普勒却是一位在主张日心说和行星轨道上都是一位离经叛道者。

自古圣贤皆寂寞，开普勒关于行星轨道的椭圆性的结论，是在没有人理解和支持下，经过艰辛的计算得来的。他在计算火星轨道上就花费了多年的时间。终于在计算结果的事实面前才突破了行星圆周轨道的框框。

开普勒在计算地球与火星的轨道时，还发现了所谓开普勒第二定律，即从太阳到行星的矢径在相等的时间内，扫过的面积相等。之后，他还发现了第三定律，即各个行星运动周期的平方与各自离太阳的平均距离的立方成正比。这三个定律合称为开普勒关于行星运动的三定律，都收在他 1619 年出版的专著《宇宙的和谐》一书中。

开普勒三定律不仅对于天文学是十分重要的，因此开普勒被称为"天空的立法者"，更为重要的是，它奏响了经典力学诞生的序曲。有了开普勒三定律，再有了伽利略关于落体运动的研究，万有引力定律与经典力学系统的确立，便是呼之欲出的事了。

3.4 开普勒对他的行星运动三定律的叙述

开普勒在他的《宇宙的和谐》中对他发现的行星的运动三大定律是这样介绍的："谈谈和谐性得以确立的运动，我再次提请读者铭记我在《火星评述》中根据第谷极其精确的观测已经阐明的下述事实：经过同一偏心圆上同样周日弧的速度是不等的，随着与运动之源太阳的距离不同，经过偏心圆上相等弧的时间也彼此不同；另一方面，若假定每一场合的时间都相等，比如说等于一自然日，那么同一偏心圆上与之对应的两段周日弧与各自到太阳的距离成反比。""我在 22 年前由于尚未洞悉方法而暂时搁置的《宇宙的神秘》的一部分，必须重新完成并在此引述。因为在黑暗中进行了长期探索之后，借助布拉赫的观测，我先是发现了轨道的真实距离，然后终于豁然开朗，发现了轨道周期之间的真实关系，倘若问及确切的年月，

> ……虽已迟了，仍在徘徊观望，
>
> 历尽岁月，终归光临。

这一思想发轫于 1618 年 3 月 8 日，但当时试验未获成功，又因此以为是假象遂搁置下来。最后，5 月 15 日来临，一次新的冲击开始了。起先我以为自己处于梦幻之中正在为那个苦求已久的原理设想一种可行的方案。思想的风暴一举扫荡了我心中的阴霾，并且在我以布拉赫的观测为基础进行了 17 年的工作与我现

今的潜心研究之间获得了圆满的一致。然而，这条原理是千真万确而又极其精确的：任意两个行星的周期正好与其距离平方根的立方成比例；但是，应该看到，椭圆轨道两直径的算术平均值较其半长径稍小。因此，举例来说，地球的周期为 1 年，土星的周期为 30 年，如果取这两个周期之比的立方根，再平方之，得到的数值刚好就是地球和土星到太阳的中距离之比。因为 1 的立方根是 1，再平方仍是 1；而 30 的立方根大于 3，平方之，则大于 9，因此土星与太阳的平均距离略大于日地平均距离的 9 倍。"[1]

开普勒总结出太阳系行星运动的三定律，使天文学达到一个新的阶段。他突破了行星运动轨道是圆形的思维，给出了行星运动的精确规律。所以当时人们称他为天体运动的立法者。

开普勒的三定律更为伟大的意义在于他为牛顿建立经典力学奠定了必要的基础。1687 年牛顿发表了他的巨著《自然哲学的数学原理》一书，这本书的出版标志着动力学的成熟。而这本书最重要的部分就是在书的第三编中，牛顿运用在第一编中总结出的原理去解释太阳系的行星、行星的卫星、彗星的运行规律，以及海洋中潮汐的产生规律。牛顿严格证明了在万有引力作用下，行星运动轨道服从开普勒第一、第二定律，对第三定律牛顿进行了修正，他指出，第三定律应为 $\dfrac{T_1^2}{T_2^2}\dfrac{(M+m_1)}{(M+m_2)}=\dfrac{R_1^3}{R_2^3}$，其中，$M$ 为太阳的质量，m_1，m_2 分别为两个行星的质量，T_1，T_2 为两个行星的公转周期，R_1，R_2 为两个行星的轨道半长径。

牛顿力学的建立不仅标志着近代精密科学的开始。同时，它也开辟了一个天文学的新时代。它使天文学由几何的时代进入力学的时代。亦即，之前的天文学主要的工具是几何学，其后的天文学主要工具便是力学。

在力学早期的发展中应当特别提到四本书。它们是：1543 年出版的哥白尼的著作《天体运行论》，1632 年出版的伽利略的

大众
力学·
丛书

著作《关于托勒密和哥白尼两大世界观的对话》，1638 年出版的伽利略的著作《关于两门新科学的对话》和 1687 年出版的牛顿的著作《自然哲学的数学原理》。

其中，哥白尼的《天体运行论》是日心说的奠基之作。它一方面是一本天文学的著作，另一方面也可以看作一本关于星体的运动学的著作。而伽利略 1632 年的《关于托勒密和哥白尼两大世界观的对话》是从力学上论证了哥白尼日心说的合理性，对哥白尼以有力的支持。1638 年《关于两门新科学的对话》则可以看作牛顿《自然哲学的数学原理》的前奏，它开启了人类关于动力学的研究。最后，牛顿的《自然哲学的数学原理》是作为力学学科初步确立的标志，它用天体在太阳的万有引力作用下，论证了行星运动的规律。后由于它预言了 1758 年哈雷彗星的回归，又有 1846 年，在按照《自然哲学的数学原理》建立的理论精确计算预告下，发现了海王星。这些雄辩地证明了牛顿最后总结确立的力学理论体系是正确的。它才是经得起实践检验的真理。

日心说战胜地心说，是一个延续三百多年的漫长过程。1600年罗马教廷烧死了宣传哥白尼学说的布鲁诺，1616 年天主教宣布哥白尼的《天体运行论》为禁书。1632 年伽利略出版了他的《关于托勒密和哥白尼两大世界观的对话》的次年，即 1633 年，宗教法庭对伽利略进行审判，对他进行管制迫害，并且不允许他的著作流传。直到 1830 年天主教才悄悄对哥白尼的书开禁。而对伽利略的审判直到 1992 年 10 月 31 日，伽利略蒙冤 360 年后才终于获得梵蒂冈教皇的平反。梵蒂冈教皇约翰·保罗二世于 1992年 10 月 31 日在梵蒂冈说，当年处置伽利略是一个"善意的错误"。他对在场的教廷圣职部人员和 20 余名红衣主教说："永远不要再发生另一起伽利略事件。"

日心说战胜地心说，它的意义不仅是天文学上新思想的胜利，也不仅是力学学科的成长和成熟。他是人类历史上真理观的一次革命。它宣告以往权势即是真理的破灭，宣告权势可以垄断真理的破产，宣告指鹿为马的把戏破产。它使中世纪以前傲慢的权势不得不向新兴的科学低头，它警告人们，不管他是多么有权势有地位，在科学面前必须持谦卑的态度。随后，由于科学的不断进步(例如进化论学说对上帝造人学说的冲击)和人文精神不断取得胜利，当人类进入 19 世纪，科学得到了空前的繁荣。权势即真理的专断愈来愈不得人心，所以才有罗马教廷对伽利略审判的平反。以至于基督教会也不得不办起了以科学为名的报纸。

经典力学是在日心说战胜地心说过程中发展成熟起来的。而第谷和开普勒的观测，是在经典力学发展建立过程中，承前启后的关键性的一步。

3.5　结语

如果从 1572 年第谷立志从事天文观测起，到 1618 年开普勒完成他的行星运动三定律为止，其间经过了漫长的 46 年的时间。其中有第谷连续观测 28 年，有开普勒根据这些观测资料计算的 18 年。开普勒仅仅用于计算火星的轨道就经过长达 9 年的推算，并且不放过 8′的误差，终于得出"一切行星绕太阳运动的轨道是椭圆，太阳位于一个焦点上"的结论。这项研究成果，花费了两代人的最好年华和精力。由此充分证明了，在科学的征途上只有不辞劳苦、不畏险阻、前赴后继才能达到光辉的顶点。只有经过长期的积累性的研究，才会带来开普勒三定律的理论飞跃，进而才会有牛顿把开普勒三定律归结为万有引力的必然结果。而牛顿力学的重要意义正如爱因斯坦所说："牛顿的成就的重要性，并不限于为实际的力学科学创造了一个可用的和逻辑上令人满意的基础；而且直到 19 世纪末，它一直是理论物理学领域中每一个工作者的纲领。"

参考文献

［1］ 宣焕灿 . 天文学名著选译［M］. 北京：知识出版社，1989：
    95-99.

［2］ 第谷・布拉赫 . 维基百科［EB/OL］. http：//zh. wikipedia.
    org/wiki/%E7%AC%AC%E8%B0%B7%C2%B7%E5%B8%
    83%E6%8B%89%E8%B5%A

［3］ 武际可.8′差异引起的革新［M］//武际可 . 力学史杂谈 . 北
    京：高等教育出版社，2009：21-27.

伽利略的斜面上下落实验

伽利略(图4-1)在他1638年出版的巨著《关于两门新科学的对话》中说："在自然界，没有比运动更古老的了，关于它，哲学家们写了不少书。不过我借助于实验发现了它的某些性质，这些性质是值得知道的，并且是迄今为止还没有被观察和论证的。"

图4-1 伽利略像

对物体运动的研究的确可以追溯得很远，而且自有人类文明以来的数千年间，不断有人发表论著探讨这个问题。可是，在伽利略之前，大部分的议论是错的！其中占据主导地位的错误，是亚里士多德(图4-2)在他的著作《论天》(On the heven)中说："一定的重量在一定的时间内运动一定的距离，一较重的重量在较短的时间内走过同样的距离，即时间同重量成反比，比如，如果一物的重量为另一物重量的2倍，则它走过一

给定的距离只需一半的时间。"① 这就是
亚里士多德著名的落体下落速度与重量
成比例的错误结论。就是说，他认为物
体下落时，物体愈重下落愈快。这个错
误在一千多年中一直被认为是正确的，
并占据着主导地位。

对于只是大概看问题而不会深究的
人，很容易被亚里士多德的错误所说服。
鸡毛和石头同时扔下去，的确是重的石
头下落得快。不过这只是表面现象。最早论证亚里士多德落体结
论错误并具有说服力的，就是伽利略积 40 年写成并于 1638 年出
版的巨著《关于两门新科学的对话》。

图 4-2　亚里士多德像

事实上，在伽利略之前，已经有一
些学者对亚里士多德的结论表示怀疑。
据记载，早在 1544 年，意大利的诗人和
历史学家瓦尔齐（Varchi-Benedetto，
1502？—1565，图 4-3）就进行过落体实
验，结果是否定亚里士多德的。其后，
在 1576 年，伽利略在意大利帕杜瓦大学
的前任数学教授莫列提（Giuseppe
Moletti, 1531—1588），在他写的一本小
册子中有进行过落体实验的记载，结果也是否定亚里士多德的。
1597 年，比萨大学的马卓尼（Acopo Mazzoni, 1548—1598）也进行
过类似的实验。

图 4-3　瓦尔齐像

在伽利略之前，比较著名的落体实验是荷兰工程师斯蒂文在
1586 年的报告中提到，用一大一小的两个铅球，一个是另一个
重量的十倍，在他的朋友帮忙下，从一座教堂的三十英尺高的塔

---

① 　苗力田主编．亚里士多德全集 II. 北京：中国人民大学出版社，1911：281.

顶上同时放落，从落地声音判断，它们是同时着地的。斯蒂文实验的年代虽然比伽利略记载自己进行实验的时间早了三年，不过，其精确性远没有达到伽利略的实验的水平。

据考证，伽利略对于落体运动的研究主要是在 1589—1592 年，即他曾在比萨大学执教的那一段时间。那时，他写过一本没有出版的书《论运动》(De motu)，介绍了他得到的匀加速运动的概念。他的《关于两门新科学的对话》实际上在 1634 年就大致完稿了，只是由于之前他出版《关于托勒密和哥白尼两大世界体系的对话》被宗教法庭判罪而禁止出版，使后来这本书的出版遇到困难，迟至 1638 年才得以出版。

在相当多的书上介绍说，伽利略曾经在比萨斜塔上做了两个重量不同铅球下落的实验。其实据后来许多学者考证，并没有确切的记载，很可能是一种误传。不过，伽利略进行过许多关于在重力作用下物体运动的实验，例如对于单摆的实验和观察。但其中最为著名的实验是在《关于两门新科学的对话》中记载的，他在斜面上进行的落体实验，由于这个实验的精确性和构思的巧妙，所以影响深远，值得仔细介绍。

在《关于两门新科学的对话》中，伽利略是这样来介绍这个实验的：

"取大约 12Cubit① 长、0.5Cubit 宽、三指厚的一片木制模件或一块木料，在上面开一条比一指稍宽的槽，把它做得非常直、平坦和光滑，并且用羊皮纸给它画上线，羊皮纸也是尽可能平坦和光滑，我们沿着它滚动一个又硬又光滑同时非常圆的黄铜球。把这块木板放在倾斜的位置，使一端比另一端高出 1Cubit 或 2Cubit，照我刚才说的把球沿着槽滚下，并用马上就要描述的方法记录下落所需的时间。我们不止一次地重复这个实验，为的是精确地测量时间，以使两次观测的偏差不超过十分之一次脉搏。在完成了

———————————

① Cubit，库比特，长度单位，1 库比特约合 45.7cm.

这种操作并且确认它的可靠性之后，我们现在仅在槽的四分之一的长度上滚这个球；在测得它下降的时间后，我们发现它精确地是前者的一半。接下去我们尝试别的距离，把球滚过整个长度的时间与滚过 1/2，2/3，3/4 或者任何分数的长度上的时间对比，在成百次重复这种实验中，我们总是发现通过的距离之间之比等于时间的平方之比，并且这对于滚球的槽的所有倾角都是对的。我们还观察到，对于平面的不同倾角，下落时间相互之间的精确比例，我们下面会知道，作者曾经对它预测并且进行了证明。"

"为了测量时间，我们用一个大的盛水容器，把它放在高处（图 4-4）；在容器的底部焊上一根小直径的能给出细射流的水管，在每一次下落的时间内，我们把射出的水收集在一个小玻璃杯内，不管是对槽的整个长度还是它的部分长度；在每一次测量下落后，这样收集的水都在非常精密的天平上被称量；这些重量差别的比例和时间的差别成比例，我们以这样的精度重复操作了许多次，结果没有可以感知的差别。"

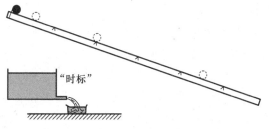

图 4-4 斜面上落体实验图

在现今的技术水平来讲，这个实验不算难，不过在伽利略的年代，它的确是一个很精细的实验。首先，对这样快速的运动在当时并没有能够准确度量时间的设备，即没有准确到秒的钟表。伽利略利用"一个盛水的大容器"下部开孔，他注意到在容器相对于底孔流量足够大时，认为底孔的泄流是均匀的。用这样的设备作为时标，是非常科学的。它继承使用了上千年的"漏壶"计时的经验。其次，在木板上用羊皮纸画了线，就可以精确地进行运动距离的测量。有了对时间和距离的测量标准，伽利略就可以对沿斜面滚落的小球运动的距离和时间进行记录。所以他和前人不同，前人只是看到两个轻重不同物体同时下落的结果，而他能够得到运动时间和距离的一个函数关系。这就是他划时代的贡献。

伽利略通过对不同板的倾斜角，通过多次不断重复的实验。得到的结论是：这些下落小球的运动距离是和时间的平方成正比的。进一步推论它们的速度都是和时间成比例的。这就是伽利略得到的匀加速运动的概念。由此我们可以想象，既然对于不同的倾角的板，都会得到物体匀加速，自然会得出，当物体自由下落时也是匀加速的结论。此外，伽利略还得到了落体的加速度与板的倾角的关系。

当时伽利略对于不同的倾角有不同的加速度，解释为是由于作用于物体上有不同的冲力的原因，把这些与我们在《斯蒂文的尖劈》中讨论过的，物体置于斜面上所受到沿斜面的分力相联系，就会发展到牛顿的结论：物体的加速度与所受的力成比例。所以人们说伽利略的实验是为牛顿后来在 1687 年的巨著《自然哲学的数学原理》奠定了基础，是十分准确的。

伽利略是一位伟大的科学家和思想家。人们说他是现代科学之父，是很有道理的。他是继古希腊之后，经过一千多年欧洲黑暗时期，公开向宗教的权威、向亚里士多德关于动力学的错误、向旧知识及其方法体系公然宣战的第一人。

在《关于两门新科学的对话》中，他系统描述了大量实验，正是这些实验为他所说的两门新科学（即材料力学和动力学）奠定了基础。因为这些实验超前的精细性，也因为这些实验对于开启后来近代科学发展的伟大意义，所以人们说伽利略是科学实验之父，也说伽利略是开创动力学的第一人。

在伽利略所进行的各种实验中，我们前面介绍的实验，是很受后人重视的。至今在许多中学或大学里还被一些教师用来让学生重复伽利略的这个实验，作为培养他们独立操作能力的训练，在网络上和期刊上不断有这方面的报道。

5

Section

碰 撞 问 题

在 17、18 两个世纪里，与力学有关问题的研究，占整个自然哲学的核心位置。而运动物体的碰撞问题的研究，在力学学科的发展中又占有最重要的地位。

5.1 活力与死力的争论

到 17 世纪之前，人们对静止的平衡物体之间的受力和平衡的规律已经大致比较清楚了。但是对于运动的物体之间怎样相互作用，还是很困惑的。最典型的问题是两个球的碰撞问题，伽利略以及他以前的学者就曾经讨论过，但是都没有得到什么重要的结论。

1638 年，伽利略在他所著的《关于两门新科学的对话》中为了表述运动物体的状态，就引进了动量的概念。不过他并没有关于动量更深一步的探讨。

笛卡儿（Rene Descartes，1596—1650，图 5-1）是法国数学家、物理学家、哲学家。他最大的贡献是在 1631 年发表了他的著作《几何学》，从而创立了解析几何。解析几何将几何问题化归为

讨论代数方程的问题与研究函数性质的
问题，并且将变量引进了数学，对于后
来力学的发展有很大的影响。

图 5-1　笛卡儿像

　　早在 1644 年伽利略所著的《哲学原
理》一书中就讨论过弹性碰撞问题。他提
出了 8 条碰撞定律，不过这些定律都不
正确。例如说：若物体 C 大于 B 且静止，
则不管 B 以什么速度碰撞 C，它决不可
能使 C 运动，B 速度越大，C 的阻力也
越大。但是在这项研究中他最早引进了动量的概念。即以物体的
质量与其速度相乘为动量，用以表述物体运动的一种量。

　　莱布尼茨（Gottfried Wilhelm Leibniz，1646—1716，图 5-2）出
生于德国，其父是一位博学的教授。他
大半生是为布伦斯威克（Brunswick）家
族服务的。为这个家族做图书编目、做
历史研究、当律师，从而得到丰厚的报
酬，他还做过外交官。

　　莱布尼茨是一位多才多艺的科学
家，他在哲学、法律、宗教、政治、历
史、文学、逻辑学等方面都有贡献。在
数学上他是与牛顿齐名的微积分的发明

图 5-2　莱布尼茨像

人，又是数理逻辑、数的二进制表示、组合分析、π 的级数表示
的开创者。此外他在力学上引进了活力定律。

　　莱布尼茨对活力的研究是从反对笛卡儿的动量开始的。1686
年，他投给《学术学报》（Acta Eruditorum）一篇论文，反对以质量
与速度的乘积作为力的度量，而主张以质量乘以速度的平方作为
力的度量。莱布尼茨认为，以落体运动来说，物体升起的高度是
与初速度的平方成正比，因之作用在物体上的力的效应必定是与
其速度平方而不是速度成正比的。当时莱布尼茨取 mv^2 为活力

(vis visa)，用以表征运动量的大小。

应当指出的是，在当时，对于力这个概念的理解是和现今大不相同的。当时有一个共同的认识，认为物体静止时，所受的力就是重力或能够用重力来度量的力。而当物体运动起来时，这个力就有不同的理解了，笛卡儿引进了动量 mv，1687 年牛顿在他的著作《自然哲学的数学原理》中，将动量的改变量看作力的，被称为死力，而莱布尼茨是在牛顿的著作之前一年发表论文把 mv^2 看作力的，也称为活力。之后笛卡儿派与莱布尼茨派就这个问题争论了多年，这场争论几乎席卷了欧洲所有国家，延续了数十年之久。最后法国学者达朗贝尔（Jeanle le Rond d'Alembert，1717—1783）于 1743 年在他的书《论动力学》中指出，整个争端只不过是一场关于用语的无谓争论。他指出，"对于量度一个力来说，用它给予一个受它作用而通过一定距离的物体的活力，或者用它给予受它作用一定时间的物体的动量同样都是合理的。"在这里，达朗贝尔揭示了活力是按作用距离的力的量度，而动量是按作用时间的力的量度，这个结论是非常确切的。

到了 19 世纪 20 年代，当法国学者科里奥利（Gustave Gaspard Coriolis，1792—1843）引进了功的概念后，即功等于力乘以物体在力作用线上的位移，才在前面加上了 $\dfrac{1}{2}$，成为 $\dfrac{1}{2}mv^2$。

以现在的语言来说，令 w 为加速度，f 为力，m 为质量，v 为速度，s 为距离，则

$$mw = f \qquad \text{牛顿第二定律}$$

是与

$$d\left(\frac{1}{2}mv^2\right) = f \cdot ds$$

等价的，在这里，f 被称为死力，$\dfrac{1}{2}mv^2$ 被称为活力。

事实上，动量和动能是经典力学的两个重要概念，要得到质

点动力学运动方程，如果令质点的质量为 m，速度为 v，所受的外力为 f，可以将经典力学方程表述为以下两种等价的方式：

$$\frac{\mathrm{d}(mv)}{\mathrm{d}t} = f$$

$$(5.1)$$

$$\frac{\mathrm{d}\left(\frac{1}{2}mv^2\right)}{\mathrm{d}s} = f$$

$$(5.2)$$

(5.1) 和 (5.2) 的等价性是显然的，因为

$$\frac{\mathrm{d}(mv)}{\mathrm{d}t} = \frac{\mathrm{d}(mv)}{\mathrm{d}s}\frac{\mathrm{d}s}{\mathrm{d}t} = \frac{\mathrm{d}(mv)}{\mathrm{d}s}v = \frac{\mathrm{d}\left(\frac{1}{2}mv^2\right)}{\mathrm{d}s} = f$$

其实，第一条路径从笛卡儿 1644 年提出动量概念到 1687 年牛顿发表《自然哲学的数学原理》就基本结束了。而第二条路径，从 1686 年莱布尼茨提出活力定律开始，经过许多学者大约二百多年的努力，其中包括约翰·伯努利、达朗贝尔、莫培丢、欧拉、拉格朗日、哈密尔顿、雅可比、勒让德、托马斯·杨、亥姆霍兹、开尔文等大学者的工作，引进了许多新的不变量和新的原理，其结果影响了整个物理学的发展。

5.2　碰撞问题

由于碰撞问题的重要性，1668 年英国皇家学会提出这一问题的征文。应皇家学会的邀请，瓦里斯（J. Wallis，1616—1703，图 5-3）、雷恩（C. Wren，1632—1723）和惠更斯参加了这项研究。不久，三个人都交出了各人按不同方式研究写成的论文，他们都在这个问题上做出了贡献。

图 5-3　瓦里斯像

瓦里斯讨论了非弹性体沿它们重心连线运动时的碰撞，同时也讨论了斜碰撞的情形，随后于 1671 年发表了弹性碰撞的结果。他在讨论中利用了动量的概念。他的结果是：若令 m 与 m_1 的速度分别为 u 与 u_1，碰撞后的公共速度为 v 则有在同向运动时 $v = \dfrac{mu + m_1 u_1}{m + m_1}$，在反向运动时 $v = \dfrac{mu - m_1 u_1}{m + m_1}$。现在看来，这就是碰撞后两个物体粘在一起时的动量守恒定律。

雷恩与鲁克合作做了碰撞的实验，于 1668 年提交了论文。马略特在论文《论物体的撞击与碰撞》中描述了这些实验。

惠更斯在论文《论物体的碰撞运动》(De Motu Corporum ex Percussione) 中对碰撞问题进行了系统的讨论。他讨论的前提是惯性定律，碰撞是完全弹性的，他称之为硬碰撞。在这样的条件下他提出 13 个命题，得到了一些重要的定律。如 1669 年提出的："两个物体相互碰撞时，它们的质量乘以其速度平方之和在碰撞前后保持不变。"即若令两物体分别为 m_1 与 m_2，碰撞前后的速度为 u_1、u_2 与 v_1、v_2，则惠更斯的实验结果可以表为

$$m_1 u_1^2 + m_2 u_2^2 = m_1 v_1^2 + m_2 v_2^2 \qquad (5.3)$$

这个公式正好是莱布尼茨关于活力定律的表述。莱布尼茨的叙述是："宇宙是一个不与其他物体进行交换的物体系统，所以，宇宙始终保持同样的力。"

惠更斯是怎样得到这个结论的呢？我们知道惠更斯是以研究单摆并发表有关单摆的专著而闻名的。人们发现他对碰撞问题的最早的手稿是 1652 年写的，那时他才 23 岁。后来他不断改进研究结果。他首先用单摆独立验证了物体上升高度与速度成正比的论断，这个结论就是莱布尼茨发表于 1786 年论文中的结论。接着，他又用实验的方法得到，在单摆上，如果物体 m_1 的速度 u_1 能够使它上升 AH，物体与 m_2 的速度为 u_2 能够使它上升 BK，在碰撞后物体 m_1 的速度为 v_1 能够使它上升到 AX，m_2 的速度为 v_2 能够使它上升到 BY，则有

大众力学丛书

$$m_1 \cdot AH + m_2 \cdot BK = (m_1 + m_2) \cdot CN$$
$$m_1 \cdot AX + m_2 \cdot BY = (m_1 + m_2) \cdot CN$$

这里 CN 是碰撞后物体能够上升高度的加权平均，如图 5-4。

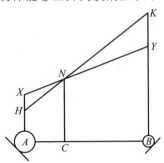

图 5-4　惠更斯对于碰撞问题的插图

由此，显然就可以得到 (5.3) 式的结论。

惠更斯（Christiaan Huygens，1629—1695，图 5-5）是荷兰人，生于荷兰海牙。他的父亲当时是一位政府官员，有钱而且又有学问，会写诗。惠更斯从小就很聪明，在家里接受他父母的教育，据说他 13 岁时曾经自己制作了一台车床。他 16 岁时进入莱顿大学。他的主要方向是研究法学，但也研究数学，而且取得很好的成绩。两年后，他转入布雷达学院深造，在

图 5-5　惠更斯像

阿基米德著作的影响下，在笛卡儿的直接影响下，他的兴趣转向了力学、光学、天文学以及数学。

传说惠更斯 17 岁时第一次接触到伽利略的思想，他就计划动手去证明水平的抛体是沿着抛物线运动的。但他在伽利略的著作中找到了一个证明后，就不愿再去重复别人已经做过的事了。这件事说明惠更斯和伽利略的科学精神与兴趣是相通的。

惠更斯继承了伽利略的传统，他也善于把实际问题和观测实

验同理论推理结合起来。他的才能也是多方面的。他发明了摆钟，并且在他不到 27 岁时就发现了土星的光环而出名，他在天文仪器的设计、弹性体碰撞、光的波动理论方面都做出了不朽的贡献。

英国皇家学院成立于 1662 年，1663 年惠更斯被聘为该院的第一名外国院士，1666 年法国皇家科学院成立时他被选为第一批院士，并且一直在法国工作了 15 年，于 1681 年回到荷兰。

惠更斯一生体弱多病，终生未婚。

马略特（E. Mariotte, 1620—1684）是法国教士，又是惠更斯的朋友。他写过《水和其他流体的运动》，讨论了流体的浮力、射流等流动。在 1677 年还写了论文《论物体的撞击与碰撞》描述了雷恩等球的碰撞实验。利用这实验马略特也证明了动量守恒定律。

5.3 法国科学院的悬赏奖励

1666 年，法国科学院成立。1721 年法国科学院开始了一项对于认为有重要意义的研究课题悬赏大奖励的制度。

尽管 1687 年牛顿已经发表了他的力学巨著《自然哲学的数学原理》，不过到 18 世纪初，碰撞问题仍然是科学界的一个核心问题，所以从 1724 年到 1726 年法国科学院大奖的前三届的得奖人都是关于碰撞问题的，特别是第一届得奖人是马克劳林（Colin MacLaurin, 1698—1746，图 5-6）。他发表的文章是《物体碰撞规律的演示》（Demonstration des lois du choc des corps）。他是一位苏格兰的数学家，在代数、几何和分析方面都有重要的贡献。

图 5-6 马克劳林像

马克劳林对于碰撞问题的研究，至少有两点是值得称道的：

首先，他将动量守恒律与作用力大小相等方向相反（牛顿第三定律）的定律挂上了钩，动量守恒定律可以表述为

$$m_1 u_1 + m_2 u_2 = m_1 v_1 + m_2 v_2 = \text{const} \tag{5.4}$$

那么，求上式的变化率即求对时间的导数，我们根据牛顿第二定律，就会得到

$$f_1 + f_2 = 0 \tag{5.5}$$

这里 f_1 是作用在 m_1 上的力，而 f_2 是作用在 m_2 上的力。这就是牛顿第三定律的表述。就是说牛顿第三定律是和动量守恒定律等价的。在牛顿的著作中，第三定律是作为公理引进的。有了马克劳林的研究，我们可以把牛顿第三定律作为动量守恒这一实验事实的推论。或者说，动量守恒也可以看作牛顿第三定律的推论。

其次，马克劳林引进了碰撞时的恢复系数 e，他假定两球在碰撞时，速度是沿着同一直线的。引进碰撞前两球的相对速度和碰撞后的相对速度有如下的关系：

$$v_2 - v_1 = e(u_2 - u_1) \tag{5.6}$$

如果 $e = 0$，即碰撞后两个球具有相同的速度，即碰撞是完全没有弹性的。这时碰撞后的速度与前述 1671 年瓦利斯的结果相同。如果 $e = 1$，这时碰撞是完全弹性的，即

$$v_2 - v_1 = u_2 - u_1$$

且两个球在碰撞后速度是反向的。由于上式是近似式，在完全弹性碰撞下应当由（5.4）与能量守恒式

$$m_1 u_1^2 + m_2 u_2^2 = m_1 v_1^2 + m_2 v_2^2$$

联立。可以求解得到

$$v_1 = \frac{m_1 u_1 - m_2 u_1 + 2 m_2 u_2}{m_1 + m_2}, \quad v_2 = \frac{m_2 u_2 - m_1 u_2 + 2 m_1 u_1}{m_1 + m_2}$$

这就是前述 1669 年惠更斯所得到的结果。

5.4 碰撞问题进一步研究

到 18 世纪 20 年代，虽然经过英国和法国科学院的两拨征文

和悬赏研究。解决了一些问题，但是仍有更多的问题需要进一步研究。

首先，已有的研究基本上是限于两个物体沿同一直线运动，并且限于球形物体，就是说限于研究沿直线运动的质点的碰撞问题。对于球形物体在同一平面运动的斜碰撞问题还需要研究。进一步，对于真实的物体，即刚体或弹性体的碰撞后的行为，还没有涉猎。

1744 年欧拉发表论文，讨论了平面上两个刚体的碰撞。文章考虑了刚体不仅有运动，而且有转动，考虑了刚体的转动惯量。文章假设碰撞没有摩擦，相互的作用力沿着接触面的法线，并且考虑接触是弹性的。由此得到了一些有意义的结果。

1882 年德国科学家赫兹（Heirich Rudolf Hertz，1857—1894）发表论文《论弹性体的接触》（Ueber die Berührung fester elastischer Körper），最早求得了两个弹性体接触问题的静力学平衡解的应力与位移场。从此为求解弹性体的碰撞问题和弹性体碰撞产生的弹性波开辟了道路。

进入 20 世纪，随着工程技术的新发展，涌现了一批新的碰撞研究课题。空难的产生，需要研究飞鸟和飞机相撞的问题，空投鱼雷入水需要研究弹性体与水面撞击产生的应力与变形问题，甚至高台跳水运动也需要研究人体入水时的撞击力问题，更不要说汽车的行车安全需要研究车辆碰撞问题了。此外，诸如轮船相撞问题、航天飞行器的撞击问题、金属锻造加工时的撞击变形问题、如何减小网球拍击球的撞击所产生对手腕的冲击力的问题等，都需要认真研究。撞击力学实际上已经受到各行各业的重视，迫切需要解决的难题也越来越多。

5.5 小结

看了以上关于碰撞问题研究的简要回顾后，也许你会产生这样的疑问。在 1687 年牛顿划时代的著作《自然哲学的数学原理》

出版，既然后来的研究表明物体碰撞时的动量守恒和动能守恒定律都可以从牛顿的运动方程积分得到，不少即使很复杂的力学问题会归结于求解运动方程，也许你会认为，在牛顿的著作发表以前，做碰撞问题的实验研究是有意义的，可是能不能说在牛顿的著作发表以后，直接研究碰撞问题的意义就减小了呢？

不能，碰撞问题即使在牛顿的著作以后仍然是力学领域中的核心问题之一。

首先，牛顿的著作虽然重要，可是它并没有解决力学中的许多重要问题。例如连力、能量、功等最为基本的概念都是含混不清的。例如在牛顿著作发表后的 150 多年，德国人亥姆霍兹（Hermann von Helmholtz, 1821—1894）阐述能量守恒定律于 1847 年发表名著《论力的守恒》时，还是把能量看作"力"来说的。这些力学中的基本概念，正是通过前述的关于碰撞问题的实验，人们发现了动量守恒和动能守恒，亦即到底是质量乘以速度守恒还是质量乘以速度的平方守恒的问题，人们援引实验和理论论证争论了半个多世纪，最后才弄清楚动量与动能的区别，最后才把动能和力做功相联系，得到机械能守恒定律。而这些，早期物体碰撞问题的研究是功不可没的。

其次，从莱布尼茨关于活力的引进到惠更斯经过实验确立的动能守恒定律，它的意义远不只限于这个定律本身。由于动能和功作为不变量被引进力学和物理，使力学和物理的理论研究开辟了新的天地。整个分析力学的建立与发展，就是基于功和能两个基础概念之上发展起来的。

最后，由于工程技术的发展，愈来愈复杂的碰撞问题被提出等待解决。这些问题远不是单独由求解方程能够解决的，它们需要新的条件下的实验和试验，还需要配合大规模的数值计算和计算机模拟。即使这样，碰撞问题仍然是我们需要认真对待的难题。随着技术的发展，这些问题会提出更为艰难的挑战。

参考文献

[1] Strange W J. Impact Mechanics[M]. London：Cambridge University Press，2000.

[2] Erlichson H. The young Huygens solves the problem of elastic collisions[J]. Am. J. Phys.，1997，65(2)：149−154.

[3] 武际可. 力学史[M]. 上海：上海辞书出版社，2010.

[4] 武际可. 经典力学发展的两条路径[M]//武际可. 力学史杂谈. 北京：高等教育出版社，2009.

大众
力学
丛书

6

Section

玻意耳的抽气筒

抽气筒，也称为抽气泵，这在工业和科学技术发达的现代只是一种很简单的器件，是现在一所普通中学校的物理实验室都可以找到的器件。但在 17 世纪 60 年代的欧洲，尽管比起现在中学物理实验室的那种抽气泵还要简陋许多，精度也比它差多了，它可是一件了不起的科学研究设备。它的地位有如现代的超级加速器，是国家级的永久设备。可不是吗，当时利用抽气筒进行的科学实验和表演，经常是要请皇帝、大臣、外交使节和阔佬来检阅和参观的。

据说世界上最早的抽气筒是由德国的居里克（Otto von Guericke，1602—1686）发明的。他发现了利用抽气泵筒获取真空的办法。于是在 1654 年 5 月 8 日的雷根斯堡，他向德意志帝国国会和国王费迪南德三世展示，抽过真空后的球体无法用 30 匹马分开。而后在 1656 年，在他的故乡马德堡重做示范，这次示范用了 16 匹马（分为两组，每组 8 匹），当时他任马德堡市的市长。故把那次实验称为"马德堡半球实验"。以下的三幅（图 6-1、图 6-2、图 6-3）是早期书籍上显示居里克的抽气筒和做真空球的实验的插图。

图 6-1　居里克的抽气泵

图 6-2　居里克进行两个真空半球受拉力的实验

图 6-3　马德堡半球实验

1657年居里克以附录的形式将他的设备和实验发表在《水力和气动机械》(Mechanica Hydraulico-pneumatica)中。这本书不久就到了英国科学家玻意耳(图6-4)的手中,激发了玻意耳对这类问题的兴趣,并且以极大的热情投入研究。

图6-4 玻意耳像

首先,玻意耳在他的助手胡克(Robert Hooke,1635—1703)帮助下,改进了居里克的抽气筒。后来玻意耳还和当年访问英国的荷兰科学家惠更斯交换过关于抽气泵的意见。玻意耳至少进行了三点改进,如图6-5。一是增加了一个顶部玻璃的"接收器"A,A的上部有盖子,可以通过它放置一些实验于A中,然后把它盖上并且密封,去观察它们在抽气前后的效果;二是把原来靠人力直接推拉改进为机械传动,使工作更省力;三是把整个装置搁置在一个支架上。这样,只要一个人摇动摇柄,就可以进行抽气,效率大为提高。

有了这种改进后的抽气筒,玻意耳就能够做许多实验。他把小动物(如猫等)放进接收器,抽气后发现它们很快就死去,这就断定了空气对于生命是不可缺少的。他把点燃的蜡烛放进接收器,抽气后发现蜡烛立刻熄灭,这就断定空气是燃烧不可缺少的。他把一个铃铛放进去,抽气后发现铃铛敲不响了,这就断定声音是通过空气传播的。在他做了大量实验之后,在1660年出版了一本书,书名为《关于空气弹簧及其效果的新物理实验》(New experiments physico-mechanicall,touching the spring of the air,and its effects),书中介绍了有关空气性质的43个实验。

通过这些大量的实验,玻意耳逐渐弄清楚了空气的一个重要性质,这就是空气是像弹簧一样的具有弹性的物质。当压强增加时,它的体积会变小,而当压强恢复原来值时,又会恢复原来的体积。

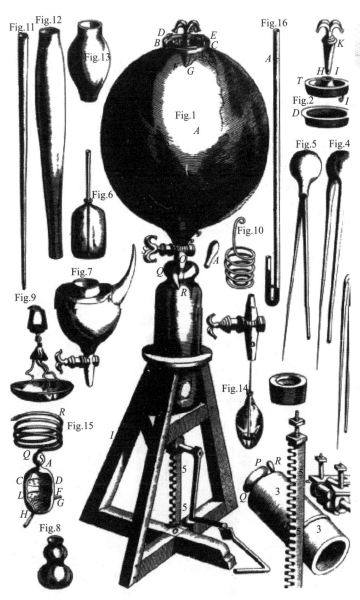

图6-5 玻意耳改进后的抽气泵

为了定量地表述气体的压强和体积的关系，玻意耳用了如图 6-6 的一个 U 形管来做实验。这根管的一端是密闭的，另一端是开放的。U 形管密闭的一段留有一定长度的空气。然后在管内装入水银。这时仔细记录 U 形管两边水银的高度。通过减少或添加水银，最后结果仔细计算 U 形管密闭端的长度和两边水银高度差的关系，就可以得到一个结论：在密闭容器中的定量气体，在一定的温度下，气体的体积和压强成反比例。或者说：在一定的温度下气体的体积与压强相乘是常数。这就是著名的气体定律，后人也称之为玻意耳定律。玻意耳是在 1662 年得到这个定律的。在 1662 年发表了一篇论文，并且把它作为附录印在他的著作《关于空气弹簧及其效果的新物理实验》的第二版中，这篇论文的题目和书名是相同的。这个定律是整个自然科学史上第一个关于物性的精确表述的定律。

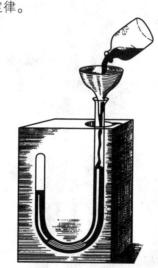

图 6-6　确定空气的体积和压强关系定律实验的示意

值得一提的是，玻意耳当年得到这个简洁的定律，实际上是有许多困难的。首先是那根 U 形管很长，开口端有两米多长，而水银的比重又很大，一不小心就会折断，把水银撒掉。其次一个困难是在玻意耳的时代记数方法的十进制还没有通行。玻意耳所记录的数字的小数部分都是用分数表示，所以很难发现它们之间的比例关系。第三是笛卡儿的坐标方法还没有出现，如果玻意耳能够知道坐标方法，直接把他得到的数据画在坐标纸上，就会很容易看出密度和压强的关系是一条过原点的直线，事情就会简单得多。

玻意耳利用抽气筒和 U 形管做的一系列实验，获得了许多新的知识。这种新的获得知识的方法，即实验的方法，使人们耳目一新。实验的方法和传统的单靠思辨的方法不同，这使得许多坚守传统的学者产生怀疑，甚至有人站出来坚决反对。

是不是有真空的问题，从古希腊开始，一直是学者们争论的重要问题之一。当时占主流看法的多数学者坚持认为没有真空，认为没有任何物质占有的真空是不能想象的。这纯粹是一个思辨的结果。现在玻意耳通过实验令人信服地证明，不仅有真空，并且真空是随着抽气筒抽气而使其中空气的气压逐渐下降，随之而来其中所含的气体逐渐稀薄乃至近乎为零。当时的抽气筒虽然还不能达到真正的真空，但托里拆利实验告诉人们，在倒置玻璃管内水银柱上端的那一部分空间那就是真空。玻意耳把托里拆利实验的整个装置放在他的"接收器"内，随着抽气筒的工作，托里拆利玻璃管内的水银柱便逐渐下降。这说明玻璃管外的气体浓度在逐渐接近玻璃管内的那部分真空。

反对玻意耳实验结论的一些著名学者，不断发表文章对玻意耳的实验给以诘难。其中有著名哲学家霍布斯（Thomas Hobbes，1588—1679）、耶稣会士莱纳斯（Franciscus Linus，1595—1675）和柏拉图主义者莫尔（Henry More，1614—1687）等，他们相继发表文章抨击玻意耳。其中最有名的是霍布斯于 1661 年发表的《关于物理的对话录》。荷兰的大哲学家斯宾诺莎曾经写信给玻意耳，劝他相信理性高于实验。而玻意耳坚信实验，他一方面写文章批驳反对派，另一方面根据对立面的诘难不断改进自己的抽气筒和实验，例如他写了《霍布斯对话录考查》和《驳莱纳斯》来回应，这些文章都作为附录刊登在他的著作《关于空气弹簧及其效果的新物理实验》的第二版中。

另一方面玻意耳不断改进他的实验装置，并且在知识层经常进行实验表演和学术讲演。这场论战延续了有十年之久。之后，由于德国的居里克、荷兰的惠更斯和法国的梅森（Marin Mersenne，1588—1648）等著名学者的参加，重复和发展玻意耳的实验，玻意耳的实验得到了科学界的一致肯定。有一本书系统地介绍了这次论战，是由上海世纪出版集团于 2008 年出版的《利维坦与空气泵——霍布斯、玻意耳与实验生活》，该书是作者是斯蒂文·夏平和西蒙·谢弗（美），译者是蔡佩君。

从抽气筒的改进开始，玻意耳所进行的一系列实验（如图6-7），最终在科学界得到肯定。它至少有两重重要的意义。第一，在方法论上确立了实验作为产生知识的一种重要手段的原则。我们知道实验原则和实证原则的确立，正是近代科学发展的前奏。自那以后观察和实验成为判断科学规律是否成立的最主要的标准。第二，它使科学走出了象牙塔，变为普通人能够接近的事物。大量的实验当着公众表演，修理抽气筒的机械师、炼金术士都可以进行以往高贵哲学家才能进行的科学研究。这种使科学活动大众化的趋向，也为后来近代科学的诞生准备了条件。

图 6-7　玻意耳的实验室

最后，我们需要简单介绍一下玻意耳本人。他生于产生巨人的时代，英国革命的前夕。他与伽利略、惠更斯以及稍后的牛顿、莱布尼茨等科学巨人大致是同时代人。他出身贵族，从小学习出色。他早期相信炼金术，曾经相信能够制取黄金。不过1661年他发表了不朽的著作《怀疑的化学家》，将炼金术改造为现代化学，书中他重新提出元素说，因此被后人誉为现代化学的始祖。

惠更斯的摆钟

自有人类文明，人们就一直追求对时间的准确量度。从远古时期的水漏、沙漏、燃香、立杆看日影多种方法开始，人们在不断改进。不过迈进到近代精密计时，还得算摆钟的发明。自1657 年惠更斯（图 7-1）发明了摆钟，至 20 世纪 30 年代之前，人类使用的主要计时手段就是摆钟。而在这近三百年中，摆钟的不断改进，是和力学学科的发展以及力学家的工作紧密相连的。

人类对于精密计时的需求，是从大规模航海事业开始的。1488 年，葡萄牙人迪亚斯（Bartholomew Diaz，1451—1500）率领船队抵达非洲西南端的好望角，意大利人哥伦布（Christopher Columbus，1451—1506）于 1492

图 7-1　惠更斯像

年开辟了通往美洲的新航线，1497—1498 年，葡萄牙探险家达·伽玛（Vasco da Gama，1469—1524）开辟了欧洲从海上直通印度的新航路。人们开始了大规模的远洋航行。

　　远洋航行，在漫无边际的大洋中，四面看不到任何标记。人们唯一能够看到的是天上的日月星辰，就凭这天上的标记要精确定位航船所在的位置，这实在有点难度。不过，人们还是要想办法克服这种困难的。

　　首先，对于所在位置的纬度，是比较容易定位的。只要测定某个恒星的角度，因为那些恒星的纬度是早已经编制好了的，由观测到指定恒星的纬度，立刻能够计算出所处地点的纬度。为了航海的便利，在地球表面，沿着大圆，铅垂线每变化 1°，距离的改变定为 60n mile。也就是说 1′（1° = 60′）距离为 1n mile。实际上，当时的测量精度已经能够达到度以下的分了。所以海里这种距离单位是紧紧和航海的便利来设定的。其实后来公制的长度"m"的确定，也是带有为航海便利的痕迹的。1790 年 5 月由法国科学家组成的特别委员会，建议以通过巴黎的地球子午线全长的四千万分之一作为长度单位——m，1791 年获法国国会批准。实际上，是将自北极到赤道这个直角，等分为一百份（而不是像平常等分为 90°），每份是 100km，这个思想，是接受了当时度量衡委员会的主席，大力学家拉格朗日（Joseph-Louis Lagrange，1735—1813）的建议，以十进制为基础来制定度量衡，意思是想把直角定为 100°，再把角度的六十进位制改变为十进制。

　　不管怎样，当时能够测量轮船所在的纬度，是已经很先进了。由于角度的精度已经能够达到分的精度，所以实际上在纬度方向上的距离已经能够精确定位到海里的精度了。

　　我们知道，要确定船的位置，除了纬度外还需要一个经度。测量某个恒星的经度，也是能够精确到分的。问题是，地球是以 24 小时一周来旋转的，而且还有地球的公转，这些恒星的经度对于同一纬线上的观察者来说也是不断地均匀地变化着的。这就是要扣除一个时间的影响。而这就要能够精确地度量时间。具体地说，只要知道起航地点的准确时间，然后通过观测恒星，得到

大众力学丛书

船所在地的当地时间、两个时间差，就能够精确计算出地球在这期间转过了多少角度，从而就能够算出轮船所在的经度。这样才能完全确定轮船的位置。

所以剩下的唯一困难就在于，怎样能够准确知道轮船当时起航点的准确时间。这在现在，当然一点困难也没有，可是当时不但没有无线电，就连钟表，一天的误差大约能够达到 15min。这个误差，相当于纬度上的 4°，也就是折合距离上会有 240n mile 的误差。如果继续航行若干天，误差积累起来，会很大。例如从欧洲到美洲，需要经过近两个月的航行，靠这样不准确的钟表来定位，就毫无意义了。

所以，研究准确的计时装置，实在是当务之急。

1598 年，西班牙国王腓力三世（Felipe Ⅲ，1578—1621）悬赏 1000 克朗，荷兰国王悬赏 10 000 佛罗林，法国则出价 100 000 里弗，而 1714 年英国政府出价 20 000 英镑，条件是要从英国到牙买加的 6 个星期的航程中定位误差不得超过 1°，即在 6 个星期中计时的积累误差不超过 4min。这些奖金用来征求能够精确确定经度的方法。仅英国的这笔奖金就是一笔数额巨大的奖金，折合到现在，将是诺贝尔奖奖金的数倍之多。（须知，直到 100 多年之后，1871 年，卡文迪许的后代捐献给剑桥大学成立卡文迪许实验室，数额才有 8450 英镑。）出这样高额的奖金，就是要人们研究一种办法，"把时间运到船上"。

他们所以肯出这样高的悬赏来征求确定经度的办法，是由于之前定位不准曾经付出了惨痛的代价。像当年哥伦布航行到南北美洲之间的加勒比海，误以为到达了印度，所以后来一直把那些岛屿称为西印度群岛。至于因航海迷途失事、驶入海盗控制区内而遇难的事故，则多有发生。其中最出名的一次事故是，1707 年 10 月 22 日，英国的一支海军，在英国南边，因定位不对，四艘军舰触礁，有近两千军人葬身海底。

重赏之下，必有勇夫。在这样重的悬赏之下，许多著名的科学家都纷纷献计献策。伽利略建议用他发现的木星卫星的相互位置(例如利用他们蚀的时刻)来校正时间。27岁的天文学家弗拉姆斯蒂德(John Flamsteed,1646—1719)被授权成立天文台来校正恒星位置,以确定月亮在恒星之间的位置来校准时间,这便是格林尼治天文台的开始。不过后来还是摆钟取得了胜利,说来话长。

利用钟表来确定经度的想法是早已有之的,不过由于当时钟表的精度实在太差。如何提高精度,就实际地落在了力学家的肩上。据记载,从1602年起,伽利略就注意到单摆运动的等时性,1637年曾建议利用钟表来确定经度,并且在1638年出版的巨著《关于两门新科学的对话》中详细介绍了摆运动的等时性,不过他误认为在大摆动时等时性也是成立的。后来他曾经建议利用摆的等时性制作钟表,由于不久逝世而没有实现。

尽管伽利略关注单摆的研究比惠更斯早了大约十年,不过最早系统和深入地研究单摆的应当是惠更斯。他不仅从理论上研究清楚了单摆运动规律,而且根据得到的运动规律设计了摆钟,如图7-2。1657年他取得了关于摆钟的专利权。

1673年惠更斯发表了专著《摆钟论》描述摆钟的构造。1673年他发表了系统论述这项发明的理论专著《摆钟与钟摆运动的几何证明》,这是在力学发展历史上具有里程碑性质的伟大著作。这本书共分五部分,第一与第五部分讨论时钟;第二部分讨论质点在重力作用下的自由落体运动以及沿光滑平面或曲面所作的约束运动,并证明了在大摆动下约束在旋轮线上的物体等时降落的性质;第三部分建立渐屈线理论;第四部分解决了复摆问题。这是人类第一次系统地研究约束运动的论著。

值得指出,惠更斯的著作并不是就事论事地简单地研究单摆,他是把单摆放在一个远为宽广的提法下来研究的。也就是从最一般的力学运动规律上来讨论单摆运动的。因此他得到的结果是比单摆运动规律更深刻、更普遍的规律。

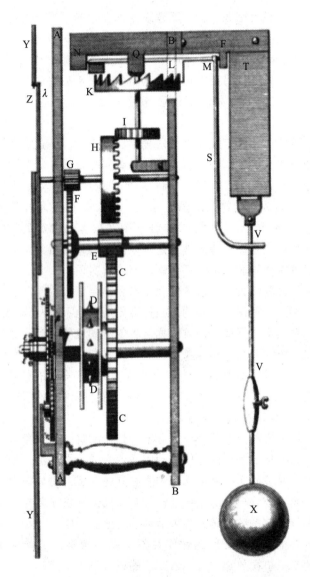

图 7-2 惠更斯设计的摆钟

首先，他是从一个质点被约束在一条曲线上，来研究这种受约束的运动。研究较多的情形是圆周运动。他得到的结果是，物体所受的向心力和绳索所受的离心力相等；而且这个向心力是与运动的速度平方成正比，和圆半径成反比。这无疑是已经在圆周运动的情形下得到了后来牛顿总结的运动第二定律和第三定律。需知惠更斯的这本书是早于牛顿 1687 年《自然哲学的数学原理》14 年的。

其次，他得到了在小摆动下，摆动周期的精确公式：

$$T = 2\pi \sqrt{\frac{l}{g}}$$

这里 T 是摆动周期，l 是摆长，g 是重力加速度。不仅如此，他得到在大摆幅下，摆动周期不再是等时的，而是和摆幅有关的结论。进而他证明，当质点在重力场下，沿旋轮线运动时，摆动是等时的，即其摆动周期和摆幅无关。所谓旋轮线，是在平面上一个圆在一根直线上无滑动地滚动，圆周上某一点划出的轨迹。

如图 7-3，曲线 ABC 就是一条旋轮线。把这条线倒过来，质点沿着它摆动就是等时的。

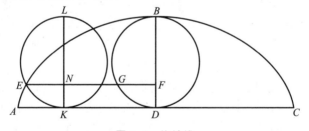

图 7-3　旋轮线

最后，为了研究等时摆，他在书中引进了渐伸线的概念。为了设计等时摆，他让摆线夹在两根对称的曲线之间，当摆线摆动时，摆线的上部便会与那两根对称的曲线相贴合。这时摆锤质心所绘的轨迹曲线就是那条对称曲线的渐伸线。原来的那两条曲线就称为渐伸线的渐屈线。根据等时摆的要求，就是要求当渐伸线为旋轮线时，需要绘出它的渐屈线。惠更斯把原曲线与它的渐伸线之间的关系讨论得很清楚。图7-4是惠更斯原书关于等时摆的插图，左图是实际摆的示意，而右图是渐伸线为旋轮线及其渐屈线的示意。

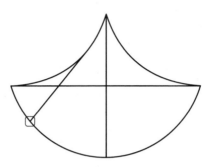

图7-4 渐伸线和等时摆

惠更斯的摆钟问世后，比起以往的各种计时装置精度大为提高。如果说以往的钟表昼夜误差是10min左右，那么摆钟的昼夜误差则可以小到10s左右。这一下给航海定位带来巨大的希望。因为时间误差1s相当于定位时的误差不到0.5n mile。这样的误差是完全能够接受的。但是，最初的摆钟是很娇气的。它只能安静地摆放在那里，才能很好地工作。而要把它搬运到颠簸的轮船上，不仅会加大误差甚至会停摆罢工。

为了克服摆钟的缺点，惠更斯发明了螺旋式游丝摆轮（图7-5），1674年，惠更斯制成了弹簧摆轮的钟表。从此钟表可以造得更轻巧，可以适应颠簸环境下工作和可以随身携带的怀表与手表。并于1675年申报了专利。大约在同时，英国的胡克也发明了游丝摆轮。胡克说惠更斯剽窃他的成果。这件事造成了两人之间的不和。

尽管惠更斯为钟表的理论和实践奠定了基础，不过英国的那笔为确定经度的巨额悬赏，并没有落在他手里。而是落在了一位

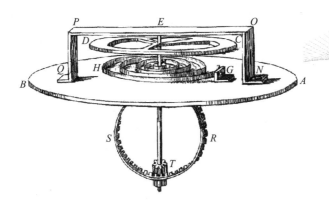

图 7-5　惠更斯设计的游丝摆轮

木工出身的能工巧匠哈里森(John Harrison,1693—1776,图 7-6)
手中了。他于 1735 年创制的航海钟(图 7-7)。经过航行试验,
误差为 3°。为改进航海钟,他前后花费了 19 年时间。后来,经
过反复改进,他的第四型天文钟于 1761 年,在到牙买加的 9 个
星期航行中,时间误差仅有 5s,这相当于测位置时的经度误差不
超过 2′。又在 1762—1764 年的两次试航中都完全满足了悬赏的
要求。但是议会只给了他一半的奖金。说是另一半要在船队有了
关于精确度的新的证明之后才授予。哈里森后来的岁月一直为此
而烦恼,一直到 1773 年才迟迟得到另一半。哈里森的先后 4 只
航海用天文钟现在还陈列在伦敦的航海博物馆内。哈里森的航海

图 7-6　哈里森像

图 7-7　哈里森航海钟 H1 号

钟，进行了许多改进，不仅体积小，便于携带，而且考虑了温度补偿功能，使天气的温度变化不会影响精确度，在第4只航海钟中，轴承使用了钻石。

哈里森自己也是木工，而且靠自学精通数学与钟表制作。在1713—1726年之间，他就制作了许多相当精确的钟表，这些钟表就已经有补偿温度变化引起误差的功能。

18世纪时，欧洲钟表进入了市场，有了从教堂、航海、家庭摆设到个人佩戴等各式各样的钟表。之后钟表做得越来越精巧，可以戴在手腕上的手表也出现了。

迄今200多年间，钟表用于测量各种物理量。测量声速、光速、各种振动频率、周期、各种物体的运动以及体育运动。此外它还广泛地用于航海、航空。各门学科和各门技术的发展无不得益于钟表的帮助。

从另一角度讲，钟表的发展和改进可以说揭开了现代技术的序幕。由于对于它的需求，需要加工大量的钟表零配件，于是产生了现代车床和现代金属加工技术。另一方面，钟表发展又为欧洲的现代技术发展培训了人才。蒸汽机的发明者英国人瓦特（1736—1819）、纺织机的发明者英国人阿克赖特（1732—1792）、以蒸汽机为动力的轮船的发明者美国人富尔顿（1765—1848）等，他们青少年时代都曾经当过修表学徒或制作匠。其实，现代工科高等教育是很晚近的事。世界上第一所工科高等学校是成立于1747年法国的一所道桥学校。之后，大学里的工科系科才逐渐发展起来。所以在那个时代，杰出的工程师大半是师徒相授。钟表的制造和修理既然如此普及，其中需要大量机械传动和加工的知识。所以最早的许多发明家和工程师，出身于钟表行业就一点也不奇怪了。

有一种流行的观点是很有道理的，即认为欧洲的近代科学技术的起源是古希腊的思辨传统与欧洲的手工业传统相结合的产物。前者是以达·芬奇、伽利略、惠更斯与牛顿的动力学发展为代表,而后者便是以钟表工业的发展所培养起的一代新技术人才。

至于中国,在钟表方面虽曾有过光辉的历史,有最早的水转浑天仪、水转仪象台,有最早发明的卡子(即擒纵器),然而由于这些设备与装置始终限于皇宫之内,没有走向市场,所以在宋代以后,经元明两代兵荒马乱,便渐渐失传了。

旧时中国各行各业都供奉一个行业的开山祖师爷,如木工供鲁班、戏剧界供唐明皇、农民供神农氏等。而旧时上海的钟表铺里供奉的祖师爷,不是张衡,也不是苏颂,却是一位虬髯戟张的洋人。那便是 1601 年向明朝万历皇帝进贡两架自鸣钟的意大利传教士利玛窦(1552—1610,图 7-8)。中国的钟表在中断了自己的历史传统后,不得不从此重新引进。利玛窦带来的钟还不是惠更斯的摆钟。利玛窦来中国后,与徐光启合作首译欧几里得的《几何原本》。随后罗马教皇又在他的建议下派懂自然科学的传教士源源东来。所以他不仅给中国人带来了钟表,而且可以说是西学东渐的祖师爷。在他之后,明清两

图 7-8　利玛窦像

代皇帝不断从西方引进钟表新产品。康熙皇帝有一首《戏题自鸣钟》诗:*"昼夜循环胜刻漏,绸缪婉转报时全,阴晴不改忠肠性,万里遥来二百年。"*

这里康熙皇帝认为自鸣钟胜过刻漏,而且他说传来中国已经二百年了,与通常由利玛窦携来之说不同。康熙皇帝是很重视吸收西方的科学技术的,仿效西方也很快。中国最早自己生产钟表是康熙三十年(1691 年)的事。那是距惠更斯发明摆钟之后仅 30年左右。早期的钟表也大半只供宫廷使用。至今在故宫钟表展室中陈列的那些豪华与精巧的洋人贡品与内府打造的钟表,便是那个时期中外钟表历史的见证。

如前所述，钟表的发展同力学具有十分密切的关系。中国人较早认识清楚这种关系的是清代经学大师阮元（1764—1849）。他在《自鸣钟说》一文中叙述了自鸣钟的构造并特别强调其原理与力学有关。他说："西洋之制器也，其精者曰重学。重学者以重轻为学术，凡奇器皆出乎此。""而作重学以为用也，曰轮、曰螺。是以自鸣钟之理则重学也，其用则轮也螺也。"阮元这里所说的重学即现今的力学。这段话的基本意思发展了1627年（明代天启七年）西人邓玉函和华人王征合译的《远西奇器图说》中"能通此学（指重学）者，知机器之所以然"的思想。遗憾的是，对阮元等的看法，理解的人很少。力学在中国的传播仍然很慢，至20世纪20年代，随着近代教育的兴起，才开始力学知识的普及与传播。

摆钟在人类文明史上立下了汗马功劳，独领风骚300年。在自然科学与技术的各个领域无一没有它的贡献。不仅改变了科学技术的面貌，而且改变了人类的社会生活，因为有了它，按时开会、上课和聚会才变得有意义。然而从20世纪50年代开始，钟表的心脏——摆，不得不让位于更精密的时标——石英晶体振动或原子振荡。说到这里，也许有人会以为摆钟退位了，力学似乎也退出了钟的历史舞台。其实不然，晶体振动与原子钟中的原子轨迹计算问题涉及更为复杂更精细的力学理论与计算。

如果说经过改进的摆钟，可以控制在每年误差在1s以内，那么，美、德、加拿大等国以及随后于1980年我国研制成功的铯原子钟可以精确到30万年误差不超过1s，最近美国制成的原子钟精度可以达到一亿年误差不到1s。1952年美国制成了第一块电子手表。20世纪60年代开始，石英表投入市场。目前在民用钟表中，机械摆钟已逐步让位给新的电子表了。

不过电子表的原理和机械表实在是没有两样。机械表是靠摆轮振荡，而电子表是靠电子回路的振荡，原子钟是靠原子中电子的能级跃迁。它们在原理上是相通和可以类比的。熟悉机械表原理的人，再熟悉电子线路后，对于了解电子表乃至原子钟就非常简单了。

我们现在虽然有了更为精密的计时设备，也有了精准的全球定位系统（GPS）。时间量度的精度能够达到一亿年误差不超过 1s，而位置定位误差在 1m 之内。不过回忆人类科学技术走过的艰辛道路，还是很有意义的。因为我们现今的科学技术，正是孕育与早期的科学技术逐渐发展和成长起来的。

讲完了惠更斯对于钟表的贡献。我们需要简单介绍一下他的其他科学成就。

惠更斯生于荷兰的海牙。他的父亲当时是一位政府官员、有钱而且又有学问，会写诗。惠更斯从小就很聪明，在家里接受他父母的教育。他 16 岁时进入莱顿大学。他的主要方向是研究法学，但也研究数学，而且取得了很好的成绩。两年后，他转入布雷达学院深造，在阿基米德著作的影响下，在笛卡儿的直接影响下，他的兴趣转向了力学、光学、天文学以及数学。

惠更斯继承了伽利略的传统，他也善于把实际问题和观测实验同理论推理结合起来。他的才能也是多方面的。他发明了摆钟，并且在他不到 27 岁时就发现了土星的光环而因此出名，他在天文仪器的设计、弹性体碰撞、光的波动理论方面都做出了不朽的贡献。

英国皇家学院成立于 1662 年，1663 年他被聘为该院的第一名外国院士，1666 年法国皇家科学院成立时他被选为第一批院士，并且一直在法国工作了 15 年，于 1681 年回到荷兰。

惠更斯一生体弱多病，终生未婚。

两个弹性球碰撞的问题，伽利略以及他以前的学者就曾经讨论过，但是都没有得到什么重要的结论。

由于这一问题的重要性，1668 年英国皇家学会提出碰撞问题的悬赏征文。应皇家学会的邀请，瓦里斯（J. Wallis，1616—1703）、雷恩（C. Wren，1632—1723）和惠更斯参加了这项研究。不久，三个人都交出了各人按不同方式研究写成的论文，他们都在这个问题上做出了贡献。不过其他人大都得到的是动量守恒的结论，而惠更斯则得到动能守恒的结论。

惠更斯在论文《论物体的碰撞运动》中对碰撞问题进行了系统的讨论。他讨论的前提是：惯性定律，碰撞是完全弹性的。在这样的条件下他提出 13 个命题，得到了一些重要的定律。如："两个物体相互碰撞时，它们的质量乘以其速度平方之和在碰撞前后保持不变。"（1669 年）这个定律正好是莱布尼茨关于活力定律的表述。这个表述就是动能守恒定律的最早表述。

在光学方面，他创立了光的波动说，把以太作为光传播的介质，在《光论》一书中提出了后人所称的惠更斯–菲涅耳原理。解释了冰洲石的双折射现象。

数学上，惠更斯 1657 年发表了《论赌博中的计算》，被认为是概率论诞生的标志。同时对二次曲线、复杂曲线、悬链线、曳物线、对数螺线等平面曲线都有所研究。发现了旋轮线也是最速降线。同时系统研究了渐伸线和渐屈线的关系。

我们看到，惠更斯的确是一位不平凡的科学家。其所以非凡，是他的许多深刻的科学思想是他同时代人无法理解的，而大多是在他身后百年或二百多年才光芒四射，得到广泛的传播和发展。

惠更斯在《摆钟与钟摆运动的几何证明》（图 7-9）中所阐述的约束运动的思想，一直到 1788 年拉格朗日出版的《分析力学》中才得到充分的继承和发扬。

惠更斯在《光论》中的波动说，一直到英国的托马斯·杨（Thomas Young，1773—1829）和法国的菲涅耳（Augustin–Jean Fresnel，1788—1827）的证实和发展才得到广泛的承认。

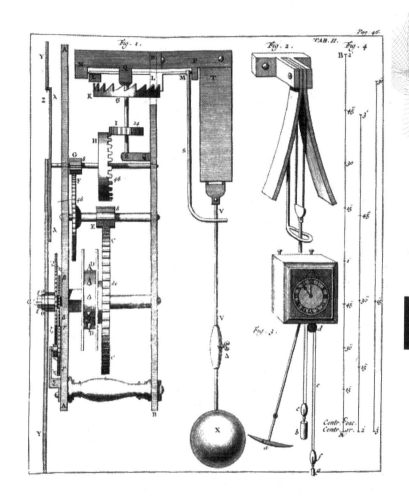

图 7-9　惠更斯原著插图

　　惠更斯关于碰撞问题的动能守恒的结论，站在莱布尼茨为首的活力度量运动的一派中，在欧洲争论了近百年之后，才由达朗贝尔（Jean le Rond d'Alembert，1717—1783）做出结论：两种度量（即活力和动量）都是有道理的。

　　的确，惠更斯不愧为一位智慧超前的伟大科学家。

参考文献

［1］ （美）戴瓦·索贝尔 . 经度［M］. 汤江波，译 . 海口：海南
　　 出版社，2000.

［2］ Arnol'd V I. Hyugens and Barrow，Newton and Hooke［M］.
　　 Swiss：Birkhauser，1990.

郑玄的弓和胡克的弹簧

本篇介绍了郑玄在《考工记》注释中提到的力与变形的线性弹性关系的文字。又介绍了胡克《弹簧》中的实验，并介绍了两位先行者的成就。文章说明虽然郑玄比胡克早了 1500 多年，但中国在郑玄之后并没有再前进一步。而西方在胡克基础上发展出固体力学的科学系统，实在应当引起我们深思。

在我国浩瀚的古籍中，系统涉及科学技术的书籍是非常稀罕的。其中最古老的一本，要算《考工记》了。它是春秋时期记述官营手工业各工种规范和制造工艺的文献。到了东汉，因为古籍《周礼》失传了其中的"冬官"一篇，就以《考工记》补入，所以后来又称为《周礼考工记》。

我们这里要说的是在《考工记》谈及制弓箭的"弓人"一节里，说制好的弓的力学性能时，有一句话，说的是："量其力，有三均，均者三，谓之九和。"

这句话到底如何理解？秦汉以前的书年代久远，当时的语言后来变化很大，后人很难理解。后来有许多注释家专门从事对先秦古籍的注释，其中最著名的注释家就是东汉时期的郑玄（127—

大众力学丛书

200，图 8-1）。他对这句话的注释是：
"假令弓力胜三石，引之中三尺，弛其弦，以绳缓擐（huàn）之，每加物一石，则张一尺"。

图 8-1　郑玄像

看了郑玄的注释还是不好懂，到了唐代，注释家贾公彦进一步解释，更接近现在的白话，说它的意思是："郑又云假令弓力胜三石，引之中三尺者，此即三石力弓也。必知弓力三石者，当弛其弦、以绳缓擐之者，谓不张之，别以一条绳系两萧，乃加物一石张一尺、二石张二尺、三石张三尺"。（注：石，dàn，古时的质量单位，120 斤为 1 石。30 斤为 1 钧，4 钧为 1 石。）

就是说，做好的弓，弓弦是绷紧的，应当把绷紧的弦松开，然后另外用一个不绷紧（即初始张力接近零）的绳索代替弓弦，这时加力一石弓张开一尺，二石张二尺，三石张三尺。即开弓的力和弓张开的大小是成比例的。这里，试弓开始时，把绷紧的弓弦松开很重要，因为当弓弦的初始张力不为零时，变形和张力是不会成比例的（图 8-2）。

图 8-2　明朝《天工开物》中的试弓定力插图

近代科学传入我国，是近百年来的事。那以后，从事科学技术的研究和教学人员，大都注重学习外国的文献，所以《考工记》（图 8-3）中郑玄注释的话不为人们注意。认为弹性体受力与变形成比例的结论是英国人胡克（图 8-4）发现的。不过，还是有细心的人的。国防科技大学的老亮教授，于 1987 年在《力学与实践》上发表文章，介绍郑玄是弹性定律的最早发现者，即使是从郑玄算起，郑玄的论述也比胡克早了 1500 年，并且主张把胡克定律称为郑玄-胡克定律。

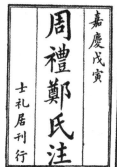

图8-3　郑玄注《考工记》封面与"弓人"的一页

图8-4　胡克像

大众力学丛书

郑玄不仅是一位对四书五经注释的注释家，而且精通天文和数学。曾经游学各地、聚众讲学达数十年，是汉代有名的经学大师、思想家、教育家。在他 71 岁的时候，汉献帝曾经任命他为大司农。所以后人也尊称他为郑司农。

现在我们来介绍一下胡克和他的弹簧实验。胡克的父亲是怀特岛（在英吉利海峡内）上的一位牧师。胡克 13 岁入小学，住在校长的家中，在那几年内学会了拉丁文、希腊文和希伯来文，学通了欧几里得几何和一些数学课题。1653 年，胡克被派到牛津的基督教堂当唱歌队的指挥员，在这个位置上，他坚持自学，于 1662 年得到工艺学硕士学位。在牛津他得以接触一些有名的科学家，而他对当时的工艺很熟练，所以他曾帮那些科学家做过实验。特别他作为当时的大科学家玻意耳的助手，由于他的巧手才使玻意耳的空气泵取得成功。

1663 年胡克成为英国皇家学会的会员，并且从 1677—1683 年当秘书，从 1662 年一直到死，都是该会的实验总监。

胡克有多方面的才能，他不仅在力学方面有贡献，在化学、物理学、天文学、生物学等方面都有重要的贡献，他写过一本《显微镜》的书，书中记载了他对显微镜的改进，也记载了他利用显微镜的发现，此外他还是一位积极钻研和传播武术的教师。胡克在科学技术上的贡献是多方面的。在万有引力、显微术、天文学、空气性质、固体的弹性和建筑等方面都有重要贡献，所以被人们誉为"英国的达·芬奇"。在科学研究上他是一位十分灵巧而能干的实验大师，他在理论方面的工作也很多，但是多数是不够严密和完整的。

胡克的性格乖僻，喜欢同别人争论，而常常声称某某发明是他先于别人有想法。

胡克在力学上最为出名的工作是我们下面要介绍的关于弹簧的实验，得到了外力与变形成比例的结论，这项实验影响很大，后人称之为胡克定律。

1678 年胡克发表了题为《弹簧》的论文，它包含了胡克对于弹性体的实验结果，不过在文章一开始就声称他在 1660 年就已经发现了这个结果。他说"弹簧理论本来是想要现在的数学家去确证的，我没有以任何形式发表。我是第一个发现它的，至今已经十八年了，除只是在一些特别的情形用过外，我没有发表。"所以有许多文献在介绍胡克定律时是遵照胡克的这个说法，说他是 1660 年发现这个定律的。

论文首先只用简单的一句话来讲他的理论，他说："两年前，我在我出版的《观日镜》一书的附录中曾讲，'任何弹簧受力与伸长是成比例的：即，一份力使拉伸或弯曲为一个单位，两份力将使它弯曲两个单位，而三份力将弯曲三个单位，如此等等'。由于理论是如此的简要，要验证它是很容易的。"你瞧，这句话和郑玄的话"每加物一石，则张一尺"多像，如果和贾公彦的话"加物一石张一尺、二石张二尺、三石张三尺"对照，则简直就是一模一样了。

论文后面的内容基本上是介绍验证这个"理论"的实验。

论文在描述胡克的实验时说："取一根长 20、或 30、或 40ft 长的金属丝，把上端同钉子系牢，而下端系一秤盘以承受砝码。用两脚规量出自秤盘底至地面的距离，把这一距离记下来。再将若干砝码加到秤盘上，并顺序记下金属丝的伸长量。最后比较这些伸长量便可以看到砝码与砝码引起的伸长量彼此之间存在着同样的比例。"如图 8-5 中的（c）。

胡克一共用四种弹性物体来进行他的实验。除了金属丝之外还有：一个轴铅垂的金属螺旋线，上端固定下端系秤盘和砝码，随着载荷增加螺旋成正比例地伸长。

把一根钟表发条上紧成垂直的螺旋，内端固定，外端附着在一个与此发条同轴的轻巧的齿轮的轮毂上，后者盘绕着一根丝线，丝线的自由端悬吊一个很轻的秤盘，秤盘中加多大的砝码，这齿轮便旋转相应的角度。

给干燥木质的悬臂梁的自由端加上载荷，挠曲变形也符合这条定律。

如图 8-5，在游丝（b）和弹簧（a）下端都悬挂一个砝码盘，他说"令 F、G、H、I、K、L、M、N 是不同的砝码，他们之间重量的比例是 1、2、3、4、5、6、7、8，那么弹簧将伸长到 o、p、q、r、s、t、u、w。"

早在 1665 年，胡克在《显微镜》一书中便指出过，这条定律同样适用于压缩空气。他并且利用这一理论建议制造弹簧秤。

英国科学家玻意耳在 1662 年与马略特在 1676 年二人各自独立地建立了气体压强与体积关系的定律。它也可以看为与胡克同一时代同一类型的定律，胡克定律是对固体的，玻意耳是对气体的。在 1660 年前后，胡克那时还是在玻意耳手下当助手。玻意耳发现了气体的弹性性质，胡克是否会联想到固体的弹性性质，也未可知，所以他说是在 18 年以前就发现了这个定律，还是合理的。

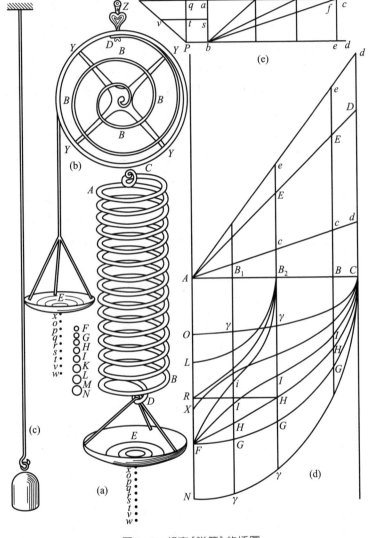

图 8-5　胡克《弹簧》的插图

　　胡克得到他的弹性定律后，曾经认为"如金属、木料、石块、干土、毛发、兽角、蚕丝、骨骼、肌肉、玻璃等，都是这样"。在德国的著名学者莱布尼茨知道胡克的实验后，曾经对这个结果产生怀疑，他写信给荷兰的惠更斯，惠更斯回信说仅当弹簧轻微伸长时，他的实验才和胡克的结果一致。

应当提到的是，惠更斯是钟表的发明者。为了改进钟表，他采用了利用弹簧储能的性质的发条，还利用弹性游丝的摆轮取代单摆。为了争夺游丝的发明权，胡克和惠更斯之间曾经有过不愉快的经历，而且在二人过世后，后人还争吵了有一个世纪之久。

惠更斯的实验说明弹性性质只能是某些固体性质的一种近似。后来的研究表明对于一般的固体来说，受力和变形的关系是十分复杂的。它迄今仍然是一个研究的重要方向。不过，力和变形的线性关系毕竟是一种重要的近似。

胡克之后，过了一百多年，他的定律被英国的托马斯·杨（Thomas Young，1773—1829，图 8-6）改写，杨是一位多才多艺的神童，他两岁就能读书，四岁可以读圣经。青年时期学会了十几门外语，会演奏多种乐器。后来杨开始学医，并且去德国求学，1796 年获哥廷根大学的博士学位，1799 年回国在伦敦开业行医，之后在皇家学院讲授自然科学，并于 1802 年被任命为皇家学会的外交秘书。

图 8-6　托马斯·杨像

杨的主要贡献是在光学方面，他因为对声学研究得到的启示，认为光也应当存在干涉现象。他是光的波动说在沉寂了近百年后，又重新振兴的早期学者之一。此外他还最早提出能量的概念。他改进了胡克定律的提法，引进了弹性模量的概念。

如果把对材料的拉伸的胡克定律用公式来表示，可以表为

$$\Delta l = kP$$

这里 Δl 是伸长，P 是拉力，k 是一个与 Δl、P 都无关的常数。杨引进了相对伸长 $\varepsilon = \Delta l / l$，引进了单位面积上的拉力，或称拉应

力 $\sigma = P/F$，这里 l 是被拉杆的长度，F 是横截面积。胡克定律可以改记为

$$\varepsilon = E\sigma$$

后来人们便把系数 E 称为弹性模量或杨氏模量。

1829 年，法国科学家泊松（Simon Denis Poisson，1781—1840）又从理论推论，得出弹性杆件被拉伸时，会有横向的收缩变形，并且引进收缩变形的系数，后人也称之为泊松比。

18 世纪有法国的纳维和柯西发展弹性力学，就是在这种线性关系的基础上发展起来的，在工程技术中得到了广泛的应用。不过，胡克当时的受力和变形，或即引申力和伸长的关系，被柯西推广到应力和应变的关系上，开始称为广义胡克定律。

我国的郑玄发现了力和变形的线性规律。郑玄虽然早在胡克之前 1500 多年就已经通过验弓发现了物体的弹性性质，但是在后来近两千年间没有能再前进一步。而西方在胡克的基础上，后来不但逐步将它精确化，而且开拓它的应用范围，从而形成庞大的近代科学的一个分支——固体力学体系。回想这段相关的历史，不能不引起我们深刻的反思，促使我们思考科学技术落后的根源。

9

丹尼尔·伯努利的流体动力学

9.1　丹尼尔·伯努利其人

大众
力学
丛书

在 18 世纪世界科学史上，生活在欧洲大陆的伯努利（Bernoulli）家族，发出耀眼的光辉。丹尼尔第一·伯努利就出生在这个家族中，并且成为这个家族中最为耀眼的明星。

首先，让我们简单介绍一下这个家族的情况。我们把这个家族中在科学上有杰出贡献的最优秀的成员的世袭表列在下面。

伯努利家族，原籍比利时安特卫普。1583 年遭天主教迫害迁往德国法兰克福，最后定居在瑞士巴塞尔（Basel）。这个家族在整个 18 世纪中，产生了许多出色的学者，青史留名的就有 8 位。而其中最为杰出的三位是丹尼尔第一·伯努利（Daniel Bernoulli，1700—1782，图 9-1）和他的父亲约翰第一·伯努利（Johann Bernoulli，1667—1748，图 9-2）和伯父雅各布第一·伯努利（Jakob Bernoulli，1654—1705）。

尼古拉·伯努利
(1623—1708)

雅各布第一·伯努利
(1654—1705)

尼古拉·伯努利
(1662—1716)

约翰第一·伯努利
(1667—1748)

尼古拉第一·伯努利
(1687—1759)

尼古拉第二·伯努利
(1695—1726)

丹尼尔第一·伯努利
(1700—1782)

约翰第二·伯努利
(1710—1790)

约翰第三·伯努利
(1744—1807)

雅各布第二·伯努利
(1759—1789)

图 9-1　丹尼尔·伯努利像　　　图 9-2　约翰·伯努利像

　　丹尼尔第一·伯努利的伯父雅各布第一·伯努利的数学几乎是无师自通的。1676 年，他到荷兰、英国、德国、法国等地旅行，结识了莱布尼茨、惠更斯等著名科学家，从此与莱布尼茨一直保持经常的通讯联系，互相探讨微积分的有关问题。1687 年回国后，雅各布担任巴塞尔大学数学教授，教授实验物理和数学，直至去世。由于雅各布杰出的科学成就，1699 年当选为巴

黎科学院外籍院士；1701 年被柏林科学协会(后为柏林科学院)
接纳为会员。

雅各布在概率论、微分方程、无穷级数求和、变分方法、解
析几何等方面均有很大建树。许多数学成果与雅各布的名字相联
系。例如悬链线问题(1690 年)，曲率半径公式(1694 年)，伯努
利双纽线(1694 年)，伯努利微分方程(1695 年)，等周问题
(1700 年)，伯努利数、伯努利大数定理等。雅各布对数学最重
大的贡献是概率论。他从 1685 年起发表关于赌博游戏中输赢次
数问题的论文，后来写成巨著《猜度术》，这本书在他死后 8 年，
即 1713 年才得以出版。

丹尼尔第一·伯努利的父亲约翰第一·伯努利最初学医，同
时研习数学。约翰于 1690 年获医学硕士学位，1694 年又获得博
士学位，其论文是关于肌肉的收缩问题。不久他爱上了微积分。
1695 年，28 岁的约翰取得了他的第一个学术职位——荷兰格罗
宁根大学数学教授。10 年后，约翰接替去世的雅各布接任巴塞
尔大学数学教授。同他的哥哥一样，他也当选为巴黎科学院外籍
院士和柏林科学协会会员。1712、1724 和 1725 年，他还分别当
选为英国皇家学会、意大利波伦亚科学院和彼得堡科学院的外籍
院士。

约翰是一位多产的数学家，他的大量论文涉及曲线的求
长、曲面的求积、等周问题和微分方程。指数运算也是他发明
的。例如解决悬链线问题(1691 年)，提出洛必塔法则(1694
年)、最速降线(1696 年)和测地线问题(1697 年)，给出求积
分的变量替换法(1699 年)，研究弦振动问题(1727 年)，出版
《积分学教程》(1724 出版微分学部分,至 1742 年才出版积分学
部分)等。

值得一提的是，1696 年约翰以公信的方式，向全欧数学家
提出了著名的"最速降线问题"，从而引发了欧洲数学界的一场
论战。争论无疑促进了科学的发展，论战的结果产生了一个新的

数学分支——变分法。因此，约翰是公认的变分法奠基人。

约翰的另一大功绩是培养了一大批出色的数学家，其中包括18世纪最著名的数学家欧拉（Leonhard Euler，1707—1783）、瑞士数学家克莱姆（G. Cramer，1704—1752）、法国数学家洛必塔（G. F. L'Hopital，1661—1704），以及他自己的儿子丹尼尔和侄子尼古拉第一等。

丹尼尔第一·伯努利是约翰的次子。他幼时对数学有特别的爱好。他13岁入大学学习哲学与逻辑，后来想进修数学，但他的父亲劝他说数学挣不到钱，建议他经商。不过丹尼尔的脾气很执著，后来父亲不得不让步，也像其父一样先习医，1721年获巴塞尔大学医学博士学位，但在其家族的熏陶感染下，不久便转向数学，在父兄指导下从事数学研究，并且成为这个家族中成就最大者。

1724年，他赴意大利威尼斯，其间在哥德巴赫协助下，发表《数学练习》。书的第二部分是关于流体力学的，说明从那时起他已经对流体力学产生了浓厚的兴趣。这本书立即引起学术界关注，丹尼尔被邀请到俄国圣彼得堡科学院工作。同年，他还用变量分离法解决了微分方程中的"里卡蒂"方程的求解问题。第二年，25岁的丹尼尔受聘为圣彼得堡科学院数学教授，并被选为该院名誉院士。

1734年，他返回巴塞尔，教授解剖学、植物学和自然哲学。丹尼尔的贡献集中在微分方程、概率和数学物理，被誉为数学物理方程的开拓者和奠基人。他曾10次获得法国科学院颁发的奖金，能与之相媲美的只有大数学家欧拉。丹尼尔于1747年当选为柏林科学院院士，1748年当选巴黎科学院院士，1750年当选英国皇家学会会员，他一生获得多项荣誉称号。

作为伯努利家族博学广识的代表，他的成就涉及多个科学领域．他研究弹性弦的横向振动问题（1741—1743），提出声音在空气中的传播规律（1762）。他的论著还涉及天文学（1734）、地球引力（1728）、湖汐（1740）、磁学（1743、1746）、振动理论（1747）、船体航行的稳定（1753、1757）和生理学（1721、1728）等。

9.2 流体动力学与血压测量

1725 年，丹尼尔受聘到彼得堡科学院后，1727 年欧拉也被聘到那里。欧拉是丹尼尔父亲的学生，两个人早已熟悉且对流体力学又有共同的兴趣。丹尼尔很强的物理直觉和欧拉很强的分析能力正好互补。在数年的切磋中，他们研究成果丰富。到 1733 年丹尼尔因为不习惯于彼得堡的气候离开那里，这些年中是他成果最丰厚的几年。

在彼得堡的几年中，丹尼尔在研究方面，主要在弦振动、振动理论等方面做出了贡献。特别是他完成了《流体动力学》（Hydrodynamics，图 9-3）的专著，Hydrodynamics 这个词是他创造首次引进的。

在他之前，人们谈到流体的压强，都是针对平衡条件下来说的。从古希腊的阿基米德的浮力定律，到 1586 年荷兰学者斯蒂文进行了流体压强实验，得到 "流体容器的底面所受的总压力与面积的大小和它上面液体柱高的乘积呈正比" 的结论。

丹尼尔是最早研究流体在流动的情形下速度与压强关系的学者。《流体动力学》这本书集中反映了

图 9-3 《流体动力学》的扉页

他在这方面的成就。书中总结了前人关于流体静力学和运动学方面的成就，特别是提出了后人称之为伯努利定律的原理及其在一系列问题上的应用。

1598 年，出生于英国的威廉·哈维（William Harvey，1578—1657，图 9-4）来到了当时世界上最著名的医学院意大利的帕多瓦。他的老师静脉瓣发现者法布里修对哈维有很深的影响。

到 1616 年 4 月，哈维至少解剖了 80种动物，基本发现了血液循环的规律。以后又解剖了 40 余种，共 120 余种。如此多种动物的血液循环，都是同一个模式，

图 9-4　哈维像

他对自己的观察坚信不疑。12 年后，终于发表了历史性的巨著《心血运动论》（On the Movement of Heart and Blood in Animals），它对血液循环提出了全新的看法。

哈维之所以迟疑了 12 年之久才出版《心血运动论》，是因为他知道塞尔维特因研究血液循环受火刑的教训。后来他的这部著作招来许多反对的和攻击，有的大学还做出决议，禁止讲授哈维的学说。直到许多年后，哈维的学说才被普遍接受。

哈维的工作奠定了血液循环流动的运动学基础，哈维说心脏的功能像一个泵。但是心脏这个泵怎样工作，以及血液怎样在血管里流动，还需要进一步的研究。

作为既是力学家又是生理学家的丹尼尔·伯努利，对哈维的发现表现出极大的兴趣。他 1724 年前后打算赴意大利帕多瓦进修医学，正是由于当时意大利的解剖学和医学比较先进，他正是想循哈维的道路前进的。但是他在意大利期间身体不适，不过他还是写成了《数学练习》一书。

在彼得堡丹尼尔和欧拉都对人体血液流动感兴趣，特别对血液的压强和流速的关系比较关心。

丹尼尔·伯努利研究流体的管道流动最初是从研究血液的流速和血压的关系开始的。他注意到，在哈维的《心血运动论》书中，提到"在动脉解剖和伤口处所看到的却是（与静脉）相反的

情况：血液有力地涌出动脉，先是很远，然后渐近；或者血液喷出，总是伴随动脉的舒张，而从不伴随动脉的收缩。"

他认为血液在血管中流动，就有流动速度，心脏既然是一个血泵，"动脉血能够喷射而出"就一定要有压力。于是血管内的血液流速和压强也应当存在一定的关系。于是他和欧拉设计了一种测量血压的方法，图9-5是《流体动力学》中的一幅插图，图示把一根很细的玻璃管*CR*插入病人的动脉中，并且使它保持垂直。管上读出血液的高度*CT*的压强就相当于该处的血压。同样，当血压为负压时，用铅直向下插入动脉血管的玻璃管*cr*也可以得到血压值，血液高度*ct*对应的压强，也就是血压的负压值。伯努利的工作从原理上说明了测量血压的方法。不过进一步发展到实际应用，还需要走很长的路。

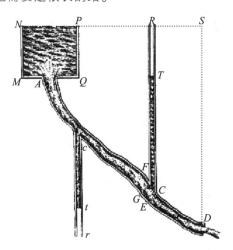

图9-5　伯努利用来测量血压的示意图

应当指出，伯努利所用的测量血压的方法，虽然是准确的，不过它要给病人带来痛苦，每次测量血压都要刺破血管。尽管这样，在伯努利之后还是应用了达170年之久。一直到1896年，意大利的医生茹齐（Riva. Rocci，1863—1937）发明了应用到现在的血压计,伯努利的测量血压的方法才被淘汰。丹尼尔·伯努利流体动力学定律就是把上述测量血压的方法继续发展得到的一个普遍规律。

正由于《流体动力学》的这些内容,所以它既是一本流体力学的经典著作,也是一本生理学的经典著作。

9.3 伯努利定律

丹尼尔·伯努利的《流体动力学》虽然在 1733 年离开彼得堡以前就完稿了,不过一直没有出版,后来他又断续修改和补充了关于流体冲击力的第 13 章,直到 1738 年才正式出版。这本书中对后世影响最大的也许是后来被称为伯努利定律的内容。该定律说,在管道流动中,流体流动的速度愈大则该处的压强愈小,反之流动速度愈小则该处的压强愈大。由于这个定律的重要性,值得介绍当年丹尼尔是怎样得到这个定律的。

丹尼尔在彼得堡那几年和欧拉发明了一个办法实测在管中流动的流体的压强。他在流体流动的管上插入一根细管,并且将它铅直放置,这时铅直管内液面的高度就表示那个地方的压强。从图 9-6 我们看出,在 EL 段流动时的压强比起在 CG 段接近静止

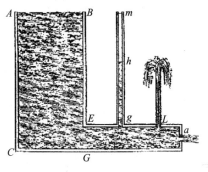

图 9-6 《流体动力学》中显示压强的插图

时的压强要小，因为细管中的液面降低了。所以我们可以说伯努利定律在当时是一个通过实验发现的定律。

为了从理论上论证这个实验定律，丹尼尔首先援引莱布尼茨关于活力的论述。莱布尼茨说"运动物体能够上升的高度是与速度的平方呈正比的。"就是说如果令 h 为物体能够上升的高度，v 是它的速度，则 $v^2=ch$ 这里 c 是与质量和重力加速度有关的常量。换句话说物体当下落 h 高时会获得速度 $v=\sqrt{ch}$。

根据莱布尼茨的活力定律，丹尼尔考虑如图 9-7 的水桶 ABC 和管道 $EFGD$。在 O 处开了一个口子让水下泄。假设在截面为 s 的管中流动是均匀的，流体的密度是 1，设流速为 v。

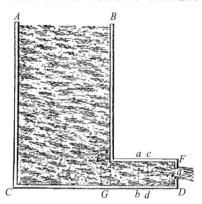

图 9-7 《流体动力学》中的插图

现取管 $acbd$ 一小段，其长度为 $\mathrm{d}x$，这段管的活力为 $sv^2\mathrm{d}x$，则由活力定律，它应当等于 $sch\mathrm{d}x$。不过还需要考虑的是，当这一小段流出后，整个长度为 l 的管中活力的改变，即 $sl\mathrm{d}v^2$。由此应当根据活力守恒定律有以下的等式：

$$sl\mathrm{d}v^2+sv^2\mathrm{d}x=sch\mathrm{d}x$$

消去各项都有的 s，就得到 $2lv\mathrm{d}v+v^2\mathrm{d}x=ch\mathrm{d}x$

由此就会得到微分方程 $\qquad v\dfrac{\mathrm{d}v}{\mathrm{d}x}=\dfrac{ch-v^2}{2l}$ (9.1)

这个微分方程就是丹尼尔当年对伯努利定律的表达。我们看到它和伯努利定律现今的表达式是非常不同的。

我们注意到丹尼尔在书中有一句话，他说："显然管壁上的压强是与加速度成比例的……假如管端对运动的障碍移除，压强将突然消失，则水将喷射到空气中。"

按照丹尼尔的这一看法，（9.1）式的左端

$$\frac{\mathrm{d}v}{\mathrm{d}t} = \frac{\mathrm{d}v}{\mathrm{d}x}\frac{\mathrm{d}x}{\mathrm{d}t} = v\frac{\mathrm{d}v}{\mathrm{d}x} \tag{9.2}$$

就是加速度，所以他应当和压强成比例。引进适当的比例系数 α，就有

$$\alpha P = \frac{ch - v^2}{2l}$$

如果适当取上式中的系数，例如，令 $c = -2g$，$\alpha = 1/l$，则上式可以化归为现在通常的形式

$$P = -gh - \frac{v^2}{2}$$

即

$$P + gh + \frac{v^2}{2} = \mathrm{const} \tag{9.3}$$

式中 g 为重力加速度，右端的常量，是由于压强 P 的零点可以取不同的值。

需要指出的是，伯努利定律作为实验事实，是无可非议的。尽管最后得到的公式（9.1）也不能说有什么问题，但是丹尼尔的上述论证却是不严格的。这是因为在丹尼尔当时，还没有力做功的概念，力和能的概念也是分不清楚的。而且丹尼尔所说压强与加速度成比例的话也是有问题的。应当是，加速度是与压差即压强的梯度成比例的。

伯努利定律的严格推导，是在欧拉 1755 年得到理想流体的运动方程之后，对这个方程积分得到的。现今的推导方法比较简单。

如图 9-8，*AB* 是一条理想流体中的流线，流线的弧长记为 s，质点上作用有重力，还有流体中的压强场 P，设流体是不可压的，且密度为 1 速度为 v。则由理想流体质点沿流线的运动方程可以写为

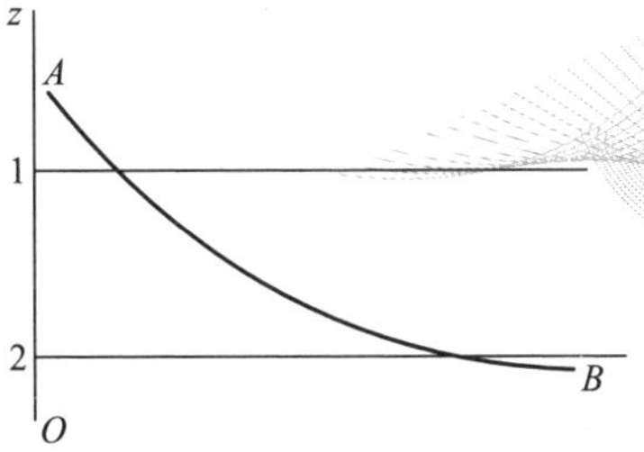

图 9-8　一条理想流体的流线

$$\frac{\mathrm{d}v}{\mathrm{d}t}=-g\frac{\mathrm{d}z}{\mathrm{d}s}-\frac{\mathrm{d}P}{\mathrm{d}s}$$

由 (9.2)，这个方程可以写为

$$\frac{\mathrm{d}}{\mathrm{d}s}\left(\frac{v^2}{2}\right)+g\frac{\mathrm{d}z}{\mathrm{d}s}+\frac{\mathrm{d}P}{\mathrm{d}s}=0$$

将这个方程从流线的高程 1 到 2 积分，便会得到现今的伯努利定律的形式：

$$P_1+gz_1+\frac{v_1^2}{2}=P_2+gz_2+\frac{v_2^2}{2}=\text{const.} \qquad (9.4)$$

式中的下标分别对应于两个高程的值。

关于《流体动力学》还值得一提的是，丹尼尔在书中利用分子的弹性碰撞模型进行统计得到了玻意耳定律 (图 9-9)。我们知道丹尼尔是概率论的先驱者之一。丹尼尔在这里开辟的方法，正是一种利用概率统计的方法，即从微观的分子运动模型得到物质宏观规律的方法，这也就是后来由玻尔兹曼、麦克斯韦

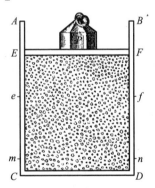

图 9-9　丹尼尔论证气体分子论的插图

等发展了统计力学的方法。所以我们又可以说丹尼尔实际上又是统计力学的先驱者。

9.4 父子反目

1734年丹尼尔回到巴塞尔之后,父子两个闹翻了。起因是,那一年丹尼尔提供了一篇关于天文学的论文去应征巴黎科学院的大奖,不巧的是他的父亲约翰也提交了应征那次大奖的论文,结果是两个人都获奖来分享那次大奖。这件事激怒了约翰,认为是儿子预先设计了一个圈套要与他平起平坐。事后丹尼尔回到他父亲的家时被拒之门外。后来一直到死,约翰也没有谅解他的儿子。这件事有可能对后来丹尼尔没有在数学上取得学术进取产生影响,再也没有他在彼得堡时对严格数学的那种激情。他说过:"如果地球上没有数学家,真实的物理也许会更好。"

如果说,在父子反目之后,丹尼尔有意回避他父亲约翰的研究领域,对数学的热情降低了许多。而相反约翰却有意去进入丹尼尔所熟悉的流体力学领域。

在大约1739年或稍后,约翰出版了一本《水力学》(hydraulics),不过注明的出版时间有意放在丹尼尔的《流体动力学》出版日期1738年之前的1732年。他这样做的目的是要人相信似乎丹尼尔的书是抄袭他的书而来的。后人评论约翰的书是一本典型的抄袭之作。

不过在约翰的书中,他是想尽量从牛顿的原理直接进行推演,以说明他的独立著作,不过书中有相当多的部分是取自丹尼尔书的内容。大部分结果也并没有超出丹尼尔的书。

公道地说,丹尼尔并没有对约翰做出什么不恭的举动而且他和其他人一直合作得很好。

人无完人,约翰在数学史上的确够得上是一位第一流的学者,但在嫉妒其兄雅各布的地位上以及对待他自己的儿子的态度上,都做得不够地道。不过后人自有公允的评论。既不会埋没他的成就,也不会隐藏他的丑行。

参考文献

[1] Daniel Bernoulli[EB/OL]. http：//en. wikipedia. org/wiki/ Daniel _ Bernoulli.

[2] Daniel Bernoulli[EB/OL]. http：//www-history. mcs. st- and. ac. uk/Biographies/Bernoulli _ Daniel. html.

[3] Darrigol O, Frisch U. From Newton's Mechanics to Euler's Equations[EB/OL]. https：//www. oca. eu/etc7/EE250/ texts/darrigol-frisch. pdf.

10

焦耳的热功当量实验

从远古开始人类就认识到由机械运动可以产生热。无论东方和西方，古代都有钻木取火纪录，这就是把机械运动转变为热的早期实践。不过几千年中一直没有人想到机械能和热能的定量转换问题。而且早期人们对热的理解，一般认为热是一种物质。古希腊认为火、气、水、土是构成万物的四种要素。我国古代则认为水、火、木、金、土是构成万物的五种要素。火都是一种要素。后来到西方中世纪，发展为一种"热质说"。认为热是一种没有质量也不占有体积的流质。

在人类文明的几千年的历史中，机械做功和热这两种现象一直是相互独立地研究着。一直到 19 世纪中叶发现的能量守恒定律是自然科学中十分重要的定律。它的发现是人类对自然科学规律认识逐步积累到一定程度的必然事件。一直到焦耳由实验得到功热相互转化的精确当量关系，热学和力学才沟通成为人类对自然界一种统一的认识。尽管如此，它的发现仍然是曲折艰苦和激动人心的。了解能量守恒定律的发现过程，特别是了解焦耳的热功当量实验，对于理解自然科学发展中理论的积累和形成是有益的。本文简要叙述能量守恒定律的发现过程。

10.1　一千多年以前的动手智力竞赛

人类早在史前文明时代，就已经发明了钻木取火。世界各地，早期都有类似钻木取火的发明。有的是用木条来不断在木块上锯动，有的是用木棍在木块上钻动。久之便会变热而发火。

中国古代早在西周时期就有关于钻木取火的文字记载。在《周礼·月令》规定：春天用柳，夏天用枣杏和桑柘，秋天用柞树，冬天用槐檀，这叫"改火"或"更火"。因为，古人认为：只有根据木的颜色，与四时相配，才能得火，反之则不能得火。也就是说，每逢换季之时，就要改新火。到了南朝，当时仍行钻木取火，但取消了"更火"这一风俗，不实行改木。到了唐代，钻木取火之法，更加广泛流行。唐杜甫《清明二首》："旅雁上云归紫塞，家人钻火用青枫。"青枫是枫木，用于春日取火。崔元翰诗："操舟众工立禁岸，湿橹钻火磨星红。"湿的木橹也可出火，说明凡木皆可出火。下面我们介绍一段在唐朝进行钻木取火竞赛的故事。

我国从周朝开始就有"寒食节"的习俗。是定在冬至以后的 105 天。即如今清明节的前一天，据说是为了纪念春秋时代晋国的臣子介子推因火烧而死的习俗，到那一天家家都熄火，只吃冷食。到了唐朝，当朝严格规定寒食三天，不准生火。

古时候，生火可不是一件容易的事。不像现如今，只要打火机一摁，或者火柴一划，顷刻之间，便可以得到火。因为生火的不易，那时，一般人家一旦有了火，便要尽量把它保持下去。一般是，把炭火用草木灰埋起来，这样燃烧就会变得十分缓慢，待要用火时再把它扒开，续以新炭或柴。如果不小心火熄了，便要去邻家去借火。

可是到了寒食节，家家都把火熄灭了。寒食过后，便要取

"新火"。这便是用当时较多的取火方式"钻木取火"。一年一度的这种取"新火",要举行很隆重的仪式。从唐朝开始,每年在寒食结束的那一天,在皇宫里举行由皇帝亲自主持的一种取火的仪式。据唐朝的笔记小说《辇下岁时记》有这样的介绍:"至清明,尚食内园官小儿于殿前钻火,先得火者进上,赐绢三疋,金碗一口。"这说明,取新火是以一种竞赛的形式进行的。参加竞赛的是些什么人呢?"尚食内园官小儿",这是内府管膳食的服役人员。有的作者望文生义,认为"小儿"是小孩、少年儿童,就是说,是由内府服役人员的孩子来竞赛钻木取火的。这实在是大谬不然。唐代的内府服役人员都是太监,不会有孩子。其实,在唐代,一般是把内府服役人员直呼为"小儿"的。我们看到《资治通鉴·唐顺宗永贞元年》有"贞元之末政事为人患者,如宫市、五坊小儿之类,悉罢之。"宋元之际的史学家胡三省注:"唐时给役者多呼为小儿。",由此,说明参加比赛的人是内府管膳食的服役人员,他们应当是一批当时取火的专家。在比赛中得了冠军的,皇帝会赏绢三匹,还有一只金碗。这个奖金是够重的了,估计比现今我们的国家自然科学一等奖的金额少不了多少。足见当年对取火这件事的重视。

在皇宫里通过钻木得到了新火,皇帝便把它赐给下面的大臣。也就是用这个新火点燃蜡烛,再把这些点燃的蜡烛赏赐给大臣们。大臣们就会将得到的新火像宝贝一样,一路小心翼翼地把火种带回家生起火来。后面还会有大臣的邻居、亲友来大臣家取火。这样,新火便会像奥运会的圣火一样传开去。当然百姓家也会有人自己钻木取火然后再传给其他人的。

唐代诗人韩翃有一首诗:

> 春城无处不飞花,寒食东风御柳斜。
> 日暮汉宫传蜡烛,轻烟散入五侯家。

说的就是大臣们领到皇上赏赐"新火"的情形。诗的前两句写清楚了当时的季节,正是杨柳飘絮,寒食节的时候。后面两句则点明是在寒食节最后一天的"日暮"时刻，大臣们端着恩赐的蜡烛"新火种"，回到家里升起烟火的情景。

唐代诗人郑辕在《清明日赐百僚新火》中，更形象地写出了宫中赐火后的情景：

> 改火清明后，优恩赐近臣。漏残丹禁晚，燧发白榆新。
>
> 瑞彩来双阙，神光焕四邻。气回侯第暖，烟散帝城春。
>
> 利用调羹鼎，余晖烛缙绅。皇明如照隐，愿及聚萤人。

10.2 能量守恒定律发现的准备

钻木取火对于机械能能够转变为热能，只是有一个定性的认识。要把它精确化，产生联系机械能和热能的能量守恒定律。不言而喻，在它发现之前人们必须对机械能和热能有较深入的研究。首先是对于机械能和热能都要能够精确地度量。我们现在就这两方面来叙述。

10.2.1 活力与死力的论战

1644 年笛卡儿在他所著的《哲学原理》中讨论碰撞问题时引进了动量的概念，用以度量运动。1687 年牛顿在他的《自然哲学的数学原理》中用动量的改变来度量力。与此不同的是莱布尼茨在 1886 年的一篇论文中抨击笛卡儿，主张用质量乘速度的平方来度量运动，莱布尼茨称之为活力。把牛顿由动量所度量的力也称为死力。莱布尼茨的主张正好和 1669 年惠更斯关于碰撞问题研究的结论一致，该结论说"两个物体相互碰撞时，它们的质量与速度平方乘积之和在碰撞前后保持不变。"

从莱布尼茨挑起争论起，形成了以笛卡儿和莱布尼茨两大派的论争。这场论战延续了近半个世纪，许多学者都参加了论战，并且各有实验佐证。一直到 1743 年法国学者达朗贝尔(Jean le Rond d'Alembert, 1717—1783)在他的《论动力学》中说："对于量度一个力来说，用它给予一个受它作用而通过一定距离的物体的活力，或者用它给予受它作用一定时间的物体的动量同样都是合理的。"在这里，达朗贝尔揭示了活力是按作用距离量度力，而动量是按作用时间量度力。这场争论终于尘埃落定了。活力才作为一个正式的力学名词为力学家们普遍接受。

另一方面，在公元 13 世纪，一个名为约旦努的欧洲人，在讨论简单机械，例如杠杆的平衡时，不是单纯考虑力之间的关系，而是给系统一个扰动，看各个力与其作用点位移的乘积总和是否为零。这种将力与位移相乘的概念便是后来"功"的概念的萌芽。

活力虽然为力学家接受了，但是它与力的关系并没有弄清楚。一直到 1807 年英国学者托马斯·杨引进了能量的概念，1831 年法国学者科里奥利（Gustave Gaspard Coriolis，1792—1843）又引进了严格的力做功的概念，并且在活力前加了 1/2 系数称为动能，通过积分给出了功与动能的联系，即

$$\left(\frac{1}{2}mv^2\right)\Big|_a^b = \int_a^b f \cdot \mathrm{d}s$$

这个式子表示力做功转化为物体的动能。也就是说自然界的机械能是守恒的。

10.2.2　温度计的发明与潜热的发现

关于热的精确理论应当从制造温度计开始。从 17 世纪开始，在意大利有伽利略等人开始制作温度计。但是由于采用的温标比较不方便，所以后人使用的很少。

在水银温度计发明之前，欧洲一般采用气体温度计，因为密闭的气体受热后体积膨胀比较明显。据记载 1669 年在清朝钦天监工作的比利时传教士南怀仁（Ferdinant Verbiest，1623—1688）就制作了一架温度计进献给康熙皇帝，后来并著有《验气图说》一文介绍用法和原理。南怀仁的温度计显然是欧洲当时的温度计的

仿制品。这种气体为介质的温度计，后来被液体为介质的温度计取代了。

比较早的实用温标是德国物理学家华伦海（Daniel Gabriel Fahrenheit，1686—1736）从 1714 年开始使用水银做温度计，并且不断改进，直到 1717 年大致确定了现在所称的华氏温标。直到华伦海去世后，科学家才正式确定华氏温标为：以水的沸点为212 度，把 32 度定为水的冰点。所以这样规定，是要尽量使通常的温度避免取负值。

瑞典天文学家摄耳修斯（Anders Celsius，1701—1744，图 10-1）于 1742 年到 1743 年发明了摄氏温标，以标准状态下水的结冰温度为零度，水的沸点为 100度。摄氏温标在 1948 年被国际度量衡会议定为国际标准。

温度计的发明给热学的精确化准备了必要的条件，人们可以用它来测量各种不同条件下物质的温度变化。最早人们并没有把温度和热量区分开来，认为温度就是热量。

图 10-1　摄耳修斯像

18 世纪 50 年代，英国科学家布莱克（Joseph. Black，1728—1799，图 10-2）把 32℉的冰块与相等重量的 172℉的水相混合，结果发现，平均温度不是 102℉，而是 32℉，其效果只是冰块全部融化为水。

布莱克由此得到结论：冰在熔解时，需要吸收大量的热量，这些热量使冰变成水，但并不能引起温度的升高。他还猜想到，冰熔解时吸收的热量是一定的。为了弄清楚这个问题，他把实验反过来

图 10-2　布莱克像

作，即观测水在凝固时是否也会放出一定的热量。他把零下 4℃ 的过冷却的水不停地振荡，使一部分过冷却水凝固为冰，结果温度上升了；当过冷却水完全凝固时，温度上升到摄氏零度，表明水在凝固时确实放出了热量。进一步的大量实验使布莱克发现，各种物质在发生物态变化（熔解、凝固、汽化、凝结）时，都有这种效应。他曾经用玻璃罩将盛有酒精的器皿罩住，把玻璃罩内的空气抽走，器皿中的酒精就迅速蒸发，结果在玻璃罩外壁上凝结了许多小水珠。这说明液体（酒精）蒸发时要吸收大量的热，因而使玻璃罩冷却了，外壁上才凝结了水珠。

布莱克用一个很简单直观的办法来测定水汽化时所需要的热量。他用一个稳定的火来烧一千克零摄氏度的水，使水沸腾，然后继续烧火，直至水完全蒸发掉。他测出使沸腾的水完全蒸发所烧的时间，为使水由 0℃ 升温到沸腾所烧的时间的 4.5 倍，表明所供热量之比为 450：100。这个实验当然是很粗糙的，所测的数值也有很大的误差；现在的测定表明这个比值为 539：100。布莱克还用类似的方法测出，熔解一定量的冰所需要的热量，和把相同重量的水加热 140℉ 所需要的热量相等（相当于加热 60℃ 所需要的热量），这个数值也偏小了一点，正确的数值为 143℉（相当于 61.6℃），但在当时，这种测量结果也是很难得的。

布莱克基于这些实验事实于 1760 年开始认识到热量与温度是两个不同的概念，进而在 1761 年他引入了"潜热"概念。

其后，法国科学家拉瓦锡（Antoine‑Laurent de Lavoisier，1743—1794）与拉普拉斯（Pierre Simom Laplace，1749—1827）合作在 1780 年提出了正确测量物质热容量的方法。由于热的精确度量的成熟，1822 年法国学者傅里叶（Jean Baptiste Joseph Fourier，1768—1830）出版了他多年关于热学研究的总结著作《热的解析理论》。

由于潜热的发现，人们认识到，在热的传递和温度变化中，热量也是守恒的。

10.2.3　热力机械的发明

钻木取火是一项把机械能转化为热能的实践。对此进一步的认识是到 18 世纪的事情。

直到英国人伦福德（Rumford, Benjamin Thompson, Count, 1753—1814；出生于美国的英国人，在美国独立战争时，站在反对独立的方面。）在慕尼黑注意到，当用镗具钻削制造炮筒的青铜坯料时（由于那时候还没有发动机，那是一种由马力来牵引驱动的镗床），金属坯料像火一样发烫，必须不断用水来冷却。伦福德注意到，只要镗钻不停止地钻炮筒，金属就不停地发热；如果把这些热都传给原金属，则足可以把它熔化。伦福德的结论是，镗具的机械运动转化为热，如果热是一种流质，他在炮筒中应当是有限的。而由他的实验观察，只要镗钻不停转动，即使使用不锐利的镗具，没有金属屑只有摩擦时，热量也会不断产生。因此他断定热是一种运动形式，而不是以前人们认为的是一种物质。1798 年伦福德将他的这些实验和观察总结为一篇论文《由摩擦产生热的来源探讨》（An Experimental Enquiry Concerning the Source of the Heat which is Excited by Friction）。伦福德还曾经试图计算热功当量，不过距离准确值相差很大。

提到热能转变为机械能，最早应当提到的是亚力山大的希罗（Hero of Alexandria, 公元 62 年前后）发明的蒸汽机。这项发明是一个空心球体上面连上两段弯管，当球内的水沸腾时，蒸汽通过管子喷出，这个球就迅速旋转，这是最早的蒸汽机。不过那时只是用于祭神与玩耍而没有实际应用。

1712 年，英国人托马斯·纽可曼（Thomas Newcomen, 1663—1729）发明了大气压蒸汽机。这种机器具有汽缸与活塞，在工作时，先把蒸汽导入汽缸，这时汽缸停止供汽而汽缸内进水，蒸汽便遇冷凝结为水使汽缸内气压迅速降低，就可以使水吸上来。之后再把蒸汽导入汽缸，进行下一个循环。最初的这种蒸汽机大约每分钟往返十次，而且可以自动工作，使矿井的抽水工作大为便利，所以不仅英国人使用，在德国与法国也在使用。

瓦特（James Watt，1736—1819）在 18 世纪后半叶对蒸汽机进行了改进。其中最重要的改进有两项，一项是发明了冷凝器大大提高了蒸汽机的效率，另一项是发明了离心调速器使蒸汽机速度可自由控制。在瓦特的改进之后蒸汽机才真正在工业上被普遍使用。

10.2.4　永动机的不可能

据说永动机的概念发端于印度，在公元 12 世纪传入欧洲。

据记载欧洲最早、最著名的一个永动机设计方案是 13 世纪时一个叫亨内考（Villand de Honnecourt）的法国人提出来的。如图 10-3 所示：轮子中央有一个转动轴，轮子边缘安装着 12 个可活动的短杆，每个短杆的一端装有一个铁球。

图 10-3　亨内考设计的永动机

随后，研究和发明永动机的人不断涌现。尽管有不少学者研究指出永动机是不可能的，研究永动机的人还是前赴后继。

文艺复兴时期意大利伟大学者达·芬奇（Leonardo da Vinc，1452—1519）曾经用不少精力研究永动机。可贵的是他最后得到了永动机不可能的结论。

与达·芬奇同时代还有一位名叫卡丹的意大利人（Jerome Cardan，1501—1576），他以最早给出求解三次方程的根而出名，也认为永动机是不可能的。

关于永动机的不可能，还应当提到荷兰物理学家斯蒂文（Simon Stevin，1548—1620）。16 世纪之前，在静力学中，人们只会处理求平行力系的合力和它们的平衡问题，以及把一个力分解为平行力系的问题，还不会处理汇交力系的平衡问题。为了解决这类问题，人们把它归结于解决三个汇交力的平衡问题。通过巧妙的论证解决了这个问题。假如你把一根均匀的链条 *ABC* 放置在一个非对称的直立(无摩擦)的楔形体上，如图10-4所示。这时链条上受两个接触面上的反力和自身的重力。恰好是三个汇交力。链条会不会向这边或那边滑动？如果会，往哪一边？斯蒂文想象把楔形体停在空中，在底部由 *CDA* 把链条连起来使之闭合，如图，最后解

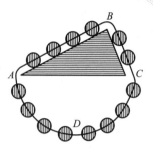

图10-4　斯蒂文的假想实验

决了这个问题。在底部悬挂的链条自己是平衡的，把悬挂的部分和上部的链条连起来，斯蒂文说："假如你认为楔形体上的链条不平衡，我就可以造出永动机。"事实上如果链条会滑动，那么你就必然会推出封闭的链条会永远滑下去；这显然是荒谬的，回答必然是链条不动。并且他由此得到了汇交三力平衡的条件。他觉得这一证明很妙，就把图10-4放在他的著作《数学备忘录(Hypomnemata Mathematica)》的扉页上，他的同辈又把它刻在他的墓碑上以表达敬仰之意。汇交力系的平衡问题解决，也标志着静力学的成熟。

随着对永动机不可能的认识，一些国家对永动机给出了限制。如早在1775年法国科学院就决定不再刊载有关永动机的通讯。1917年美国专利局决定不再受理永动机专利的申请。

据英国专利局的助理评审员 F. Charlesworth 称：英国的第一个永动机专利是1635年，在1617年到1903年之间英国专利局就收到约600项永动机的专利申请。这还不包含利用重力原理之外的永动机专利申请。而美国在1917年之后还是有不少一时看不出奥妙的永动机方案被专利局接受。

我们前面讨论了人们经过很长时期的研究和探求，已经分别认识到机械能是守恒的，热能也是守恒的。并且人们积累了热能能够转变为机械能，机械能也能够转化为热能的经验。现在，在热变为机械功的过程中，人们想追求的永动机又是不断碰壁。这背后到底隐藏的秘密是什么？揭示这个秘密的条件才逐渐变得成熟了。

10.3　迈尔的发现与遭遇

能量守恒定律的发现条件既然是逐渐成熟了。于是这项发现最早就由迈尔来开头。

迈尔（Julius Robert Mayer，1814—1878，图 10-5）是德国的物理学家。大学时学医，但他并不喜欢当医生，他当过随船医生，工作比较清闲。

图 10-5　迈尔像

在西方大约从公元 4 世纪开始有一种大量放血的治疗方法。一次大约要放掉 12 到 13oz（约合 340—370 g，有一杯之多）的血，有的则一直放血放到病人感觉头晕为止。这种疗法的根据是，在古代的西方有一种所谓"液体病理"的理论，说人体含有多种液体，如血、痰、胆汁等。这些液体的过多或不足都会致病。放血的作用就是排除多余液体一种措施。中世纪西方的有钱人，特别是那些贵族上层人物、绅士们，还要在一年中定期放血，一般要在春秋各放血一次。放血另一种作用是使女人看上去更好看，这和西方当时的审美观有关，使她们既显得白皙，又不会因为害羞而满脸通红。所以西方的贵妇人也经常放血。迈尔作为一名医生，不用说也是经常使用放血疗法给人治病的。

大众力学丛书

大约是在 1840 年去爪哇的航行中，由于考虑动物体温问题而对物理学发生了兴趣。在印尼泗水，当他为一些患病的水手放血时，他发现静脉的血比较鲜亮，起初他还误以为是切错了动脉。于是他思考，血液比较红是在热带身体不像在温带那样需要更多的氧来燃烧以保持体温。这一现象促使迈尔思考身体内食物转化为热量以及身体能够做功这个事实。从而得出结论，热和功是能够相互转化的。

他又注意到当时许多人进行永动机的实验都以失败而告终，从童年时期就给他留下了深刻的影响。这些使他猜想"机械功根本不可能产生于无"。

在 1841 年 9 月 12 日他给友人的信中最早提及了热功当量。他说："对于我的能用数学的可靠性来阐述的理论来说，极为重要的仍然是解决以下这个问题：某一重物（例如 100 lb）必须举到地面上多高的地方，才能使得与这一高度相应的运动量和将该重物放下来所获得的运动量正好等于将 1 lb 0 ℃ 的冰转化为 0 ℃ 的水所必要的热量。"

1842 年 3 月，迈尔写了一篇短文《关于无机界的力的看法》寄给了《药剂学和化学编年史》的主编、德国化学家李比希（Justus von Liebig，1803—1873），李比希立即答应使用这篇文章。机械的热功当量在这篇文章中得到第一次说明。文中说："人们发现，一重物从大约 365 m 高处下落所做的功，相当于把同重量的水从 0℃ 升到 1℃ 所需的热量。"他的文章发表于 1842 年 5 月。

迈尔是最早进行热功当量实验的学者，在 1842 年，他用一匹马拉机械装置去搅拌锅中的纸浆，比较了马所做的功与纸浆的温升，给出了热功当量的数值。他的实验比起后来焦耳的实验来，显得粗糙，但是他深深认识到这个问题的重大意义，并且最早表述了能量守恒定律。他在 1842 年底给友人的信中说："我主观认为，表明我的定律的绝对真理性的是这种相反的证明：即一个在科学上得到普遍公认的定理：永动机的设计在理论上是绝对不可能的(这就是说,即使人们不考虑力学上的困难,比方说摩擦等等,人们也不可能成功地由思想上设计出来)。而我的断言可以全部被视为从这种不能原则中得出的纯结论。要是有人否认我的这个定理,那么我就能立即建造一部永动机。"

迈尔的论文没有引起社会重视,为了补足第一篇论文没有计算、过于简要的缺点,他写了第二篇论文,结果如石沉大海,没有被采用。他论证了太阳是地球上所有有生命能与非生命能的最终源泉。

后来亥姆霍兹与焦耳的论文相继发表,人们将能量守恒定理的发明人归于亥姆霍兹与焦耳。而他的论文既早又系统,却不仅得不到承认,而且还招来了一些攻击文章。再加1848年,他祸不单行,两个孩子夭折、弟弟又因参加革命活动受牵连。1849年,迈尔从三楼跳下,从此成为重残,而后又被诊断为精神分裂,送入精神病院,医生们认为他经常谈论的那种新发现,是一种自大狂的精神病症状。

1858年亥姆霍兹阅读了迈尔1852年的论文,并且承认迈尔早于自己影响很广的论文。克劳修斯也认为迈尔是守恒定律的发现者。克劳修斯把这一事实告诉了英国声学家丁铎尔(John Tyndall,1820—1893),一直到1862年由于丁铎尔在伦敦皇家学会上系统介绍了他的工作,他的成就才得到社会公认。1860年迈尔的早期论文翻译成英文出版,1870年迈尔被选为巴黎科学院的通讯成员,并且获得了彭赛列奖(Prix Poncelet)。之后迈尔的命运才有较大的改善。

10.4　亥姆霍兹与焦耳的工作

10.4.1　亥姆霍兹与他的《论力的守恒》

亥姆霍兹(Hermann von Helmholtz,1821—1894,图10-6)出生

在一个德国的穷教员家里，亥姆霍兹尽管在中学入学考试中获得
十分优异的成绩，可是因为交不起学
费而只好去做军医达 8 年之久。1842
年亥姆霍兹获得了博士学位。1845 年
他参加了由年轻的学者组织的柏林物
理学协会，之后他经常参加协会活动，
除做军医之外他还研究一切他感兴趣
的问题。

1847 年 7 月 23 日他向物理学协会
提交了题为《论力的守恒》的著名报

图 10-6　亥姆霍兹像

告。报告后，他将文章交给《物理学编年史》的编辑，不料又和 6
年前迈尔的稿件一样的命运，编辑以没有实验事实而拒绝刊登。
后来他将这篇论文作为小册子在另一家有名的出版社出版了。文
章的结论与 1843 年焦耳的实验完全一致，很快就被人们称为
"自然界最高又最重要的原理"。时间仅差数年，又由于有有名
的出版社出版，他与迈尔的命运完全不同。后来英国学者开尔文
采用了杨所提出的能量的概念，采用"势能"代替"弹力"，以
"动能"代替"活力"，使在力学中延续了近 200 年的概念上含
混不清的情况得到改变。

关于亥姆霍兹值得介绍的是他在德国科学家发展中所起的组
织作用。1870 年，他的老师马格努斯（Heinrich Gustav Magnus，
1802—1870），德国最早的物理研究所所长，逝世了。当时还是
副教授的亥姆霍兹继任为所长。那时，德国的科学研究水平，比
起英国与法国要落后得多。不久普法战争结束，德国从法国得到
一大笔赔款，德国的经济状况有所改善，亥姆霍兹得到了 300 万
马克的经费去筹建新的研究所，经过 5 年的努力，新研究所建
成。这个研究所后来吸引了大批优秀的年轻学者，而且它的研究
课题同工业的发展紧密联系，后来形成德国科学研究的一个十分
好的传统。亥姆霍兹担任德国物理协会会长达数十年之久。被人

称为"德国物理的宰相"。

10.4.2 焦耳的热功当量实验

焦耳(James Prescott Joule,1818—1889,图10-7)是一位英国富有的啤酒商之子，后来，从1837年起他独立经营啤酒厂一直到1856年，达十九年之久，所以，焦耳也是一位啤酒商。他从小没有受过什么正规的教育。他的经济条件可以提供他终生做研究工作。焦耳自幼身体虚弱，脊柱曾受过伤，因此他一心读书研究，他父亲为他提供了一个家庭实验室。1835年他认识了曼彻斯特大学的教授道尔顿，受到过后者的指导，焦耳的成功主要是靠自学的。

图10-7 焦耳像

焦耳在管理啤酒厂时，他突然对用当时刚发明不久的电动机取代厂里用的蒸汽机的可行性发生了兴趣。也就是由此开始他着手研究电动机的效率。1838年他的第一篇论文投到《电学年报》上。

焦耳早期曾经追求过制造永动机，不过后来他逐渐认识到永动机的不可能。焦耳的数学知识很少，他的研究主要是靠测量。1840年他经过多次测量通电的导体，发现电能可以转化为热能，并且得出一条定律：电导体所产生的热量与电流强度的平方、导体的电阻和通过的时间成正比。他将这一定律写成一篇论文《论伏打电生热》。

后来焦耳受伦福德的论文的启发，继续探讨各种运动形式之间的能量守恒与转化关系，1843年他发表了论文《论水电解时产生的热》与《论电磁的热效应和热的机械值》。特别在后一篇论文中，焦耳在英国学术会议上宣称："自然界的能是不能毁灭的，哪里消耗了机械能，总能得到相当的热，热只是能的一种形式。"

只有到焦耳的实验完成之后，独立发展的力学和热学才真正沟通。机械能和热能转变守恒定律才真正建立。人们说它是 19世纪发现的最重要的客观规律之一。

此后焦耳不断改进测量方法，提高测量精度，最后得到了一个被称为"热功当量"的物理常量（图 10-8），焦耳当时测得的值是 423.9 kg·m/kcal。现在这个常量的值是 418.4 kg·m/kcal。后人为纪念他，在国际单位制中采用焦耳为热量的单位，取 1 cal = 4.184 J。

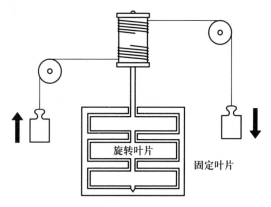

图 10-8　焦耳的热功当量实验

迈尔、赫姆霍兹与焦耳，两个在理论上论证，另一个用精确的实验证实了热和机械能的定量转化。并最终确立了能量转化与守恒的定律。

10.5　小结

只有在功与能的概念变得清晰、热量于温度能够区分，同时对它们能够精确量度，也只有热力机械的走向实用为人们所熟悉，并且在大量永动机的失败条件下，能量守恒定律发现的条件才趋于成熟。

即使这样，人们对先知先觉者的理解也是相对缓慢的。迈尔的遭遇就说明这一点。

能量守恒定律至今仍然是力学乃至整个自然科学的重要定律。不过它仍然会发展。1905 年爱因斯坦（Albert Einstein，1879—1955）发表了阐述侠义相对论的著名论文《关于光的产生和转化的一个启发性的观点》中揭示了质能守恒定律，即在一个孤立系统内，所有粒子的相对论动能与静能之和在相互作用过程中保持不变，称为质能守恒定律。

参考文献

［1］ 武际可. 力学史［M］. 上海：上海辞书出版社，2010.
［2］ 武际可. 永动机漫谈［M］//力学史与方法论论文集. 北京：林业出版社，2003：4-104.

称量地球的人
——卡文迪许的万有引力实验

1687 年牛顿（Sir Issac Newton，1642—1727）的《自然哲学的数学原理》出版，这是科学史上里程碑意义的事件。在这本书中牛顿总结和发展了他之前许多科学家研究的成果，其中最主要的结果是关于运动的三条定律和万有引力定律。关于万有引力在书中牛顿是这样说的：

对于一切物体存在着一种引力，它正比于各物体所包含的物质的量。在两个相互吸引的球体内，如果到球心相等的距离处的物质是相似的，则一个球相对于另一个球的重量反比于二球的距离的平方。

这句高度精练的总结，实际上概括了几代人研究的最重要的成果。对于万有引力问题，在牛顿之前，已是一个非常时髦的问题，已经有不少人探讨过。最早开普勒认为行星运动是由于太阳对它们的作用力，并且随距离增大而衰减；法国天文学家布里阿德（I. Bulliadus，1605—1694）认为开普勒力是随行星与太阳距离的平方成反比来衰减；胡克、哈雷（Edmond Hally，1656—1742）、雷恩（Sir Christopher Wren，1632—1723）认为行星运动产生加速度

的原因就是引力。胡克在 1666 年 5 月给皇家学会的信中提到了
"物体相距愈近，其间的引力愈大"的结论。后来到 1679 年，胡克、哈雷、雷恩提出了"行星所受到的太阳引力与其离太阳距离的平方成反比"，这实际上已经是万有引力定律的雏形了，并且引力(gravitation)这个词是胡克引进的。而牛顿的最大贡献就是通过严格的论证证明了，开普勒关于运动的三定律。也就是说，如果太阳和行星之间服从万有引力的规律，那么行星的运动一定符合开普勒第一和第二定律，即行星的轨道是椭圆，太阳位于一个焦点上；太阳到行星的矢径在相等的时间内，扫过的面积相等。至于开普勒第三定律，即各个行星运动周期的平方与各自离太阳的平均距离的立方成正比，牛顿对它做了修正。牛顿指出第三定律应当是：$\dfrac{T_1^2}{T_2^2}\dfrac{(M+m_1)}{(M+m_2)}=\dfrac{R_1^3}{R_2^3}$，其中，$M$ 为太阳的质量，m_1，m_2 分别为 1、2 两个行星的质量，T_1，T_2 为两个行星的公转周期，R_1，R_2 为两个行星的轨道半长径。

由于有了牛顿的论证，万有引力才最后被人们认可。所以有的书上，又把万有引力称为牛顿万有引力。就是为了强调在确定万有引力上，牛顿的这"临门一脚"的功绩。

万有引力定律的确立，成为天文学研究的划时代的事件。之前，天文学研究的主导工具是几何学。而之后天文学研究进入以力学为主导的时代。后来，确定彗星的轨迹和回归周期、海王星和冥王星的发现、小行星的发现和定位等等重要天文学成就，都是在以力学为指引下得到的。而其中起核心作用的理论就是万有引力定律。

不过，到牛顿为止，万有引力定律还不能说是最后完备了。如果把万有引力用公式来表示，就是

$$F=G\frac{Mm}{R^2} \tag{11.1}$$

其中 M、m 分别是两个物体的质量，R 是两物体的距离，而 G 是

一个常量，或称为万有引力常量，F 为两物体之间的作用力。这里还有一个很重要的问题没有解决，这就是万有引力常量 G 还是未知的，牛顿用万有引力证明开普勒三定律，也是假定它们的质量，证明了行星运动轨迹是椭圆。所以，即使在牛顿之后，要确定星球之间的作用力，还需要大量借助于几何的方法或间接测量卫星的摄动的办法。即使如此，人们想尽了各种办法，行星和太阳的质量也还是没有办法确定，而只能够定下它们质量大小的比例关系。具体地说，假定地球的质量为 1，其他星球的质量可以表为地球质量的倍数，如水星是 0.0553、金星是 0.8150、火星是 0.1074、土星是 95.18、木星是 317.94、天王星是 14.5、海王星是 17.141、太阳是 332500。由这些数值，我们知道太阳系的质量有 99.98% 集中在太阳上，而木星的质量比其余所有其他行星的总和还要大。

于是人们就想知道地球的质量究竟是多大。因为一旦知道了地球的质量，其他星球的质量也便知道了。卡文迪许（图 11-1）正是从这一提法着手来做实验的。他实际上是抓住了当时天文学上所提出的问题的关键。

在卡文迪许之前已经有不少人企图获得地球的质量。

在 1735—1738 年期间，法国科学家鲍格（Pierre Bouguer，1698—1758）和拉堪大敏（Charles Marie de La Condamine，

H. Cavendish

图 11-1　卡文迪许像

1701—1774）在南美的考察中就注意到，在山峰邻近，用铅垂线吊起的重物，会向山峰一侧少许偏移。后来，在 1774 年英国科学家麦克斯韦（James Clerk Maxwell，1831—1879）于苏格兰的著名的山峰希哈利恩（Sheihallion）的两侧，比较铅垂线的角度，相差竟有 24″，就是说，在单侧，山峰的引力可以使铅垂线偏离 12″。

这个角度可以表征地球引力和山峰对重物吸引力之比，如果能够估计出山峰的质量，那么就可以大致估算出地球的质量。不过山峰的质量很难精确估算，由此也很难得到地球的精确质量。

卡文迪许就是想用实验的方法来精确求得地球的质量。不过这的确是一项有史以来最为困难和最具有挑战性的实验。

就以我们现在所知，万有引力对于通常大小的物体来说，是很微弱的。例如，相距 100 m 的两艘万吨轮船，它们之间的引力只相当于 60 g 重力，只比一两略多一点。其实引力的微弱，牛顿就已经注意到了，在他逝世后人们从他的研究记录中发现并且于 1728 年公布了他曾经估算过，当距离仅 1/4 in 的两个直径为 1 ft 的球，仅靠它们之间的引力，在一个月内也走不到一起。并且牛顿还估算过 3 mile 高 6 mile 宽的一座半球形的山峰引力，使铅垂线的偏离不会大于 2′。是的，这样微弱的引力，在室内实验是很难测量的。

不过，卡文迪许自有他的高招。起先，有个叫迈克尔（John Michell，1724—1793）的地质学家，在 1783 年开始设计了扭摆用来测量两个物体之间的引力，不过他中途去世了，他的未竟之业就由卡文迪许来继承了。卡文迪许接手后，对可能产生误差的地方进行了认真的推敲，对迈克尔的实验装置进行了几项改进。例如，为了减少空气扰动的干扰，他把扭摆放置于密闭的屋子里，并且使整个实验能够在室外控制和观察。为此，在悬线上，安装了一个小镜子，用望远镜来观察镜片转动的角度。此外，为了避免地磁的作用，所有材料用不导磁的，如铜、银等。图 11-2 就是他改进后的实验装置，图 11-3（1）是它的示意图，图 11-3（2）是俯视图。

现在我们来描述卡文迪许的实验。图 11-3 中悬线是镀银铜丝，有 40 in 长。悬线下面水平悬吊一根质轻的木棒，木棒长度 2d 为 6 ft，木棒两端各固定一个直径 2 in（质量 1.61 lb）的铅球，它们的质量记为 m。而用来吸引这两个球的是两个直径为 12 in

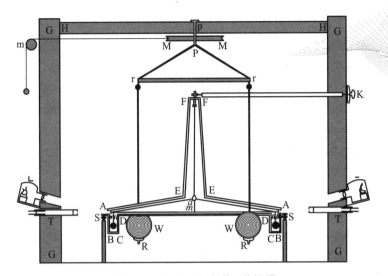

图 11-2   卡文迪许改进后的扭摆

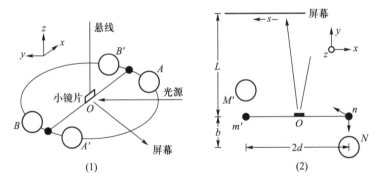

图 11-3   卡文迪许实验装置的示意图

(质量 348 lb)的大铅球，它们的质量记为 M。大球和小球之间的距离 b 大约为 9 in。整个装置是对称的。

现在我们来计算一个小铅球 m 所受的垂直于木棒的力。首先，根据万有引力，它受最近的大铅球 M 的引力由(11.1)是

$$F_1 = G\frac{Mm}{b^2} \tag{11.2}$$

但是它还要受对称的另外一个大铅球 M' 的引力，因为那个大铅球距离它是 $\sqrt{b^2+(2d)^2}$，所以它所受的引力根据(11.1)应当是

$$F_2 = G\frac{Mm}{\sqrt{b^2+(2d)^2}^2} = G\frac{Mm}{b^2+(2d)^2}$$

但是，这个力的指向是与木棒斜交的，由于 $M'm$ 连线与木棒 mm' 夹角的正弦能够直接得到，即 $\dfrac{b}{\sqrt{b^2+(2d)^2}}$，因此 F_2 在木棒垂直方向上的投影应当是

$$F_2\frac{b}{\sqrt{b^2+(2d)^2}} = G\frac{Mm}{b^2+(2d)^2}\frac{b}{\sqrt{b^2+(2d)^2}} = G\frac{Mmb}{(b^2+(2d)^2)^{3/2}}$$

由于 M' 对 m 在木棒垂直方向上作用的分力，与 M 对 m 的引力是方向相反的，所以把力(11.1)与上面这个力相减就得到 m 在木棒垂向的受力为

$$F = G\frac{Mm}{b^2}F_2 - G\frac{Mmb}{(b^2+4d^2)^{3/2}} = G\frac{Mm}{b^2}\left(1-\frac{b^3}{b^2+4d^2}\right)$$

$$= G\frac{Mm}{b^2}\beta$$

式中把 $\left(1-\dfrac{b^3}{b^2+4d^2}\right)$ 记为 β。

现在考虑悬线的扭转刚度为 K，即悬线下端单位转角所对应的悬线下端的力矩。设转角为 θ，木棒两端的两个球所受到的力对悬线下端 O 点的力矩为 $2Fd$。所以在平衡的条件下，应当有

$$K\theta = 2dG\frac{Mm}{b^2}\beta \tag{11.3}$$

上式中的 K、d 等都是已知的，如果能够测量出平衡时候的 θ、b，就能够把万有引力常量 G 定出来。再去计算地球的质量就很容易了。不过，在改变两个大球 M 的位置时，系统并不马上就能够平衡，而是要经过相当时间的震荡，来回摆动，才能逐渐

趋于静止。这个时间会很长，有时需要等待个把钟头。于是卡文迪许就想办法记下顺序摆动幅度最大处的角度，然后由它们的平均得到预期的平衡点的转角。具体说，把第一个和第三个摆动的最大角取平均，然后再与第二个摆幅的最大角平均。结果就大致是最后平衡时的转角。

卡文迪许并不是根据实验结果直接去求万有引力常量 G。他是直接去求地球的质量的。我们知道，这里加速度

$$g = G\frac{M_E}{R^2} \qquad (11.4)$$

其中 R 是地球的半径，M_E 是地球的质量。由这个式子求出 G，得到

$$G = g\frac{R^2}{M_E}$$

把它代入 (11.4)，就得到

$$K\theta = 2dg\frac{R^2}{M_E}\frac{Mm}{b^2}\beta$$

即有

$$M_E = 2dg\frac{R^2 Mm\beta}{Kb^2\theta} \qquad (11.5)$$

根据实验得到的右端的数据就可以算得地球的质量，再除以地球的体积

$$\frac{4}{3}\pi R^3$$

便会得到地球的密度。

他得到的地球密度是 5.481×10^3 kg/m³。现今的精确值是 5.517×10^3 kg/m³。

卡文迪许把他得到的结果以论文题目"确定地球密度的实验"于 1798 年发表。卡文迪许一生很少发表论文。他总共发表过 18 篇论文，这也是他一生发表的最后一篇论文。

在他以后，有不少学者重复卡文迪许的实验，或用别的更先进的方法测量。结果表明他的实验是相当精确的。直到大约 100 年以后，英国学者波义思（Sir Charles Vernon Boys，1855—1944）在 1885 年再改进卡文迪许的实验装置，直接得到万有引力常量 G。波义思并且根据卡文迪许的实验算出万有引力常量为 6.75×10^{-11} m³/kg·s²。波义思自己改进测量得到的万有引力常量为 6.6×10^{-11} m³/kg·s²。而 1976 年国际天文学联合会天文常量表，万有引力常量值定为 6.672×10^{-11} m³/kg·s²。

卡文迪许实验所用的悬线的方法，后来被用于许多精密测量中。例如最早的灵敏电流计，就是利用悬线上有一个线圈，置于一个永久磁铁中，当线圈有微弱的电流通过时，悬线就会有一个转角。

如果说胡克和牛顿发现的万有引力定律开辟了研究天体运动的新时代。在此之前天文学家的主要研究工具是几何学，而此后开辟了用力学研究天文学的新时代。尽管力学变得十分重要，但由于那个万有引力常量还没有确定，人们需要做更多的实际观测才能定下天体的力学参数。那么卡文迪许实验之后，人们就能够从较少的观测资料获得比较精确的天体参数。例如很容易地就可以从已有的观测资料得到各个天体的准确质量。

介绍完卡文迪许的实验，我们需要简单介绍一下卡文迪许本人。

卡文迪许为人孤僻，生活俭朴，终生未娶，他一心用在科学研究上。他从小家庭殷实，死后给他的家族留下一大笔遗产。1871 年，他的后代捐赠给剑桥大学 8450 英镑，用于建立实验室。该实验室于 1884 年建成，为了纪念他称为卡文迪许实验室。这个实验室在 19、20 世纪世界科学的发展中名声很大，出过许多杰出的科学家，成为 20 世纪引领世界物理学研究潮流的实验室。卡文迪许在电磁学上有不少发现，并且发现了氢气。

参考文献

[1]　Cavendish H. Experiments to determine the density of Earth[J].
　　　Phil. Trans. Roy. Soc. Lond., 1798, 88: 469–479, 4.

[2]　The Cvendish Experiment[EB/OL]. Physics, UCONN, TM,
　　　1977, DSH 1988, 2005// http: //www. phys. uconn. edu/~
　　　hamilton/phys258/N/cav. pdf.

[3]　Boys C V. On the Newtonian Constant of Gravitation[J]. Na-
　　　ture, 1894, 50(1292): 330–334. doi: 10. 1038/050330a0

大众
力学
丛书

12
Section

雷诺提出了一个连上帝
也皱眉头的难题：湍流

英国著名学者兰姆（Horace Lamb，1849—1934）在 1932 年说过："我老了，在我死后上天堂时，有两样事情我要向上帝讨教，一个是量子电动力学，一个是湍流，对于前者我确实是乐观的。"意思是说，上帝也不一定能够回答湍流的问题。

这个连上帝也不一定能够回答的湍流难题也被称为"经典物理学最后的疑团"。它是由英国曼彻斯特大学的一位工程教授提出的。这位教授就是雷诺（Osborne Reynolds，1842—1912，图 12-1）。

雷诺的父亲曾经是一位中学校长，也是剑桥皇后学院的研究员。对于工程问题、数学、特别是力学和机械一直有浓厚的兴趣，还拥有几项关于农业机械方面的专利。

图 12-1　雷诺像

雷诺受家庭的熏陶和影响，也对力学和数学有浓厚的兴趣。他 19 岁进入一所机械工程的技术学校学习，这所学校兼营一些农业机械、蒸汽机和小轮船的修造任务。雷诺在这里一共两年，其间特别关注那些机器运行的原理，认识到对于理解这些机械现象，数学是十分重要的。于是他就决意进剑桥主修数学学位。

雷诺在剑桥学习很顺利，并于 1867 年毕业。毕业后和他的父亲一样被聘为剑桥皇后学院的研究员。尽管在剑桥的学习是顺利的，不过有一点稍许使他不够满意。那就是剑桥当时的力学教学是针对理解物理问题的，而不是指向他一直感兴趣的工程问题。因为当时主持剑桥数学系的卢卡斯教授是斯托克斯（Sir George Stokes, 1819—1903，图 12-2）。

图 12-2　斯托克斯像

在此，有必要简单介绍一下斯托克斯，他除了在多元微积分中发明了斯托克斯定律以外，在力学上最重要的贡献就是以他与法国力学家纳维（Claude Louis Marie Henri Navier, 1785—1836，图 12-3）共同命名的纳维-斯托克斯方程，这是一组表征黏性流体流动的方程组。在此之前精确表述流体运动的方程是 1755 年由欧拉导出的理想流体运动方程。由于这组方程没有考虑流体的黏性，所以它的解和实际情形有许多不符合的地方。最大的不符合就是在一些情形下忽略了流体黏性所带来的阻力。1822 年纳维首先给出了考虑黏性的一组方程，纳维的

图 12-3　纳维像

方法是由分子运动的统计行为得到的，他考虑在流动时不同速度层之间会有分子的动量交换来得到黏性表现。到 1845 年斯托克斯用宏观的方法导出了与纳维相同的表征黏性流体流动的方程。这组方程的建立，标志着现代流体力学的开始。因为自那以后，

用计算或实验的方法寻求纳维-斯托克斯方程在适当条件下的解便一直构成流体力学研究的最重要的组成部分。许多数学家也致力于纳维-斯托克斯方程的求解和定性研究，成为数学研究的一个十分重要的分支。

1868 年，年仅 25 岁的雷诺得到了曼彻斯特大学的力学教授职位。

雷诺的研究工作领域是很宽广的。他发表的论文有关于热力学、蒸汽凝结、改进焦耳热功当量实验装置、螺旋桨推进、制动器、润滑理论、滑雪研究等方面。不过对后来影响最大的还是他发表于《皇家哲学会报》(Philosophical Transactions of the Royal Society) 上的关于湍流的两篇文章。即：《关于流动是直的还是蜿蜒的以及平行渠道阻力的实验研究》(An experimental investigation of the circumstances which determine whether the motion of water shall be direct or sinuous, and of the law of resistance in parallel channels) 发表于 1883 年，和《不可压缩黏性流的动力理论及其转捩》(On the dynamical theory of incompressible viscous fluids and the determination of the criterion) 发表于 1895 年。这两篇文章开创了湍流研究的新方向，成为湍流研究的经典文献。也是纳维-斯托克斯方程建立之后在流体力学研究中最为重要的事件。

雷诺的第一篇文章是介绍他对管流进行的实验的总结。他的这些实验实际上是从 1880 年开始的（图 12-4）。他让黏性流体在玻璃管中流动，在流动了一段时间后，流动变成了非常稳定的"定常流动"，这时用滴管滴入少许染了色的流体，他发现，在低速时颜色形成轮廓明显的细丝，这时流动是平滑的，而当速度较高时，这根丝就在入口后的某处破碎了，流动变为不规则的，此后颜色就扩展到整个流体断面（图 12-5）。人们将上述平滑流动称为层流（图 12-5(a)），将不规则的流动称为湍流（图 12-5(b)），图 12-5(c) 为过渡阶段，雷诺引进了一个无量纲数来表征这种流动的转变，这个数就是 $\bar{q}d/\nu$（即雷诺数，其中 $\bar{q}$ 为平均速度，d 为圆管的直径，ν 为黏性系数）。1908 年德国物理学家索末菲（Arnold Sommerfeld，1868—1961）把这个数称为雷诺数，记为 Re，后来 1910 年德国流体力学家普朗特（Ludwig Prandtl，1875—1953）发表文章也称之为雷诺数。而从层流到湍流转化时的雷诺数称为临界雷诺数。雷诺曾预言："对于各种管径的管子和不同种类的液体，从层流到湍流的过渡总是发生在 Re 的同一个数值时。"

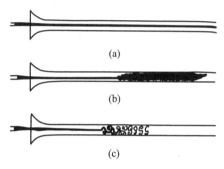

图 12-4　雷诺的实验装置　　图 12-5　雷诺所画的实验结果示意

后来的实验证明当进口处的状况足够均匀时，实际上确是如此。例如，一根具有尖缘入口的管子，与一壁面光滑的容器相连接，临界雷诺数为 2800，如果入口加以很好地圆顺，并且使容器中的流体处于几乎是静止的，则临界雷诺数可以高到 40000 以上，若入口流很不规则，则临界雷诺数可以降低到 2320。进一步的实验表明，湍流不仅在管流中产生，在任何其他的流动中都会发生，不仅对于液体流动会发生，对于气体流动也会发生，它是自然界中带有普遍性的一类重要现象。

1983 年雷诺的这篇论文，开启了湍流研究的新领域。不过，仅只是发现了湍流现象而已，他给人类的研究提出了新的挑战。一个流场转变为湍流的雷诺数能不能由理论计算得到。在湍流的条件下，流场、阻力、扩散速度都会发生不寻常的变化，所以研究湍流就具有很大的理论与实际意义，但是如何从理论上得到在湍流条件下的阻力、扩散速度等感兴趣的物理参量，这些就是湍流所以困难所在。

雷诺在发表了他的湍流实验结果后，并没有停止。经过十一年的探求，于 1895 年发表了他关于湍流的第二篇重要论文。这篇论文启动了关于湍流的理论研究。

雷诺从纳维-斯托克斯方程出发，将其中的流动速度 $\bar{u}$ 表示为平均速度 $\bar{U}$ 与脉动速度 $\bar{w}$ 之和、压强 p 表为平均压强 P 与脉动压强 ω 之和。将它们代入纳维-斯托克斯方程后，对得到的方程取平均（根据各态历经的假设，时间平均和空间平均的结果是相同的），就可以得到

$$\frac{\partial U_i}{\partial t} + U_j U_{i,j} = -\frac{1}{\rho} P_i + \frac{1}{\rho} \tau_{ij,j} + \nu \nabla^2 U_i, \qquad U_{i,j} = 0$$

式中用了约定求和。其中 $\tau_{ij} = -\rho \overline{w_i w_j}$ 代表脉动速度乘积的平均，被称为雷诺应力。

这个方程称为雷诺方程，早期的湍流研究大多是从这个方程出发的。但是困难之点在于：一方面这个方程是非线性的，另一方面，更为要命的是方程右端的雷诺应力是未知的，方程根本不封闭，要想法使它封闭，这就是湍流问题困难之所在。后来许多流体力学大师，都曾经从雷诺方程入手进行研究，也得到了一些重要成果。

1926 年普朗特在讨论大气运动时，分析了雷诺方程，他认为雷诺方程的右端项的物理意义既然是与物理量的传输有关的，而物理量的传输如同在统计物理中分子通过碰撞运动传输动量一样，可以用分子运动的平均自由程来刻画，那么湍流运动也可以用一个类似的混合长来表征。即可以把雷诺应力近似表为 $\tau_{xy} = \rho l^2 \left| \dfrac{\mathrm{d}U}{\mathrm{d}y} \right| \dfrac{\mathrm{d}U}{\mathrm{d}y}$，其中 l 就是混合长，是一个待定的函数。将这个表达式代入雷诺方程，方程就闭合了，从而可以求解了。

1930 年，冯卡门在讨论槽或管中的流动时，他假定 l 和离器

壁的距离成正比，他还认为混合长不应是坐标的函数，而应与流场的性质有关，他得到的混合长是 $l = K \left| \dfrac{\mathrm{d}U}{\mathrm{d}y} \right/ \dfrac{\mathrm{d}^2 U}{\mathrm{d}t^2} \right|$，其中 K 是一个常数。后来混合长理论还有许多发展，总的说来，力图使求解雷诺方程的问题化归为求解平均物理量的问题，但总还是有不能自圆其说的矛盾。

1921 年英国流体力学家泰勒最早推导了两点间脉动速度的相关矩的概念，后来由于热线风速计的发展，使测量湍流的脉动速度成为可能，促使湍流的统计理论的发展。接着他在 1935 年与冯卡门在 1938 年引进了各向同性湍流的概念，后来他们根据各向同性的性质进行简化得到的二阶矩和三阶矩方程，即著名的卡门-豪瓦斯（Kármán–Howarth）方程，再考虑到脉动谱的关系。从而得到了湍流衰减后期与实验符合的规律。

1941 年苏联学者柯尔莫哥洛夫考虑了二阶、三阶矩关系，并且利用量纲分析的方法得到湍流中能量的衰减规律为 $E_k \propto k^{-5/3}$，这里 k 是湍流的脉动数，或频率。

关于湍流的研究应当提一提我国学者周培源（1902—1993）的工作。周培源原来的兴趣是广义相对论的宇宙论，在"七七事变"后，他觉得应当做一点和实际接近的课题，于是便选择了湍流这个难题。1940 年，周培源教授提出了一种湍流理论，他的基本出发点是认为既然纳维-斯托克斯方程包含了湍流问题的信息，那么只解平均物理量不够，脉动量同样需要求解。为此他推导了二阶与三阶矩的方程组，并且通过适当的假定，将四阶矩与二阶矩建立关系，使这些方程在直到三阶矩上封闭。国际上有许多学者沿着周培源的这个理论继续做工作，后来被认为是湍流模式理论的奠基性的工作。直到去世，他从未被这个题目的困难动摇过，而且做出了重要贡献。为此，我们应当引用美国专攻湍流的著名流体力学家兰磊（John L. Lumley）在 1995 年发表在《流体力学年鉴（Annu. Rev. Fluid Mech. 1995. 27：1-15）》上的两段话来说明周培源得到的结果的重要性：

"在湍流领域，他(周培源)被认为是计算机模式之父。在一篇发表在中国物理杂志(Chinese Journal of Physics, 4, 1, 1940, pp. 1-33)绝对原创的文章及其后更详细的发表在国际文献的三篇文章中，他引进了湍流起伏的二阶和三阶矩的方程，这些方程和稍后 Millionshchikov 的方程略微不同……，遗憾的是，周的建议是在计算机发明之前，要靠手来进行大量的计算是很难的。但是在现今，全世界有成百的以模式来用计算流体力学程序计算湍流的人，他们追本溯源都是直接继承 1940 年周的那篇文章的。"

"在这一代人中，在流体力学中至少有来自四个不同国家的四位巨人，他们以自己的方法在国内和国外造成很大的影响，既是由于他们对流体力学的贡献，也由于他们提供的智力和领导，在每一个国家，那些非凡的后继者在流体力学中的出色的工作者都可以追踪为这些巨人的学术继承人。我所说的四位巨人是：美国的冯卡门(von Karman)，苏联的柯尔莫哥洛夫(Kolmogorov)，英国的泰勒(G. I. Taylor)，和中国的周培源。"兰磊的评论中说明周培源的工作的重要性。

美国著名的湍流研究专家朗莱(J. L. Lumley)称周培源为"计算模式之父"。

尽管有着许多重要的研究，虽然在湍流研究方面，人们能够检索到数以千篇计的论文，可是迄今为止，人类对于湍流远没有达到充分掌握的地步。湍流仍然是我们面对的自然科学中最困难的问题之一。所以人们说它是"经典物理的最后疑团"。

湍流既然如此困难，那么能不能放弃它，不去研究呢？不能。

因为湍流不仅困难，而且非常重要。我们在日常生活、自然现象和工程实践中经常遇到。就拿往一杯水中加白糖这件事来说，如果静等白糖溶化并且靠扩散使它均匀，也许要等待数小时，可是我们只要用汤勺一搅，使杯子里产生湍流，不到几秒钟，糖就会溶化而且糖水就会迅速变得非常均匀。此外湍流还和天气预报、大气环流、航空航海中减少阻力等密切相关。

以设计和建筑巴黎埃菲尔铁塔而著名的法国著名工程师埃菲尔（Gustave Eiffel，1832—1923），在他晚年，对流体力学产生了浓厚的兴趣。从 20 世纪初，由于航空工程的需要，较多的学者着眼于研究物体在流体中运动时流体的升力。而埃菲尔与众不同，他着重研究流体的阻力。为此他建造了风洞进行各种实验和实测。

1912 年，他在研究球体受流动的空气阻力时发现了一个现象。本来在低速流动时，计算空气阻力的公式是

$$F = C_x(Re)\rho Av^2/2。$$

其中，C_x 是阻力系数，Re 是雷诺数，ρ 是流体的密度，A 是物体的迎风截面积，v 是流速。实验结果，当低雷诺数时，C_x 几乎是常数。对于球体来说，通常 C_x 大约是 0.47 左右。当雷诺数 Re 达到大约 15000 时，如图 12-6 所示，C_x 就很快降低，不论是对于

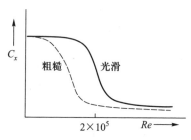

图 12-6 埃菲尔对球体的实验结果示意图

光滑球体还是对于粗糙球体都大致是相同的。对圆柱也有同样的现象。

这个现象，作为一个理论公式和实验的矛盾，一开始人们并不十分清楚是什么原因。被称为埃菲尔佯谬。后来随着人们对湍流的深入研究，认识到这正是流动从层流向湍流转化时，由于流动不稳定所带来的必然结果。

归根结底，湍流是一个既困难而又欲罢不能的难题。不过，对它研究即使前进一小步，例如对一个平板附近的湍流只要弄清楚一点，对于技术问题，例如估算机翼的升力和阻力也会有很好

的回报。这就是世界各国还有许多学者坚持研究湍流的原因。

参考文献

［1］ Derek Jackson, Brian Launder. Osborne Reynolds and the Publication of his Papers on Turbulent Flow［J］. Annu. Rev. Fluid. Mech. 2007, 39: 19-35.

［2］ 武际可. 力学史［M］. 上海: 上海辞书出版社, 2010.

傅科的转动指示器

在谈傅科之前，让我们先来简要回忆一下日心说与地心说两派的辩论历史。

地心说比较早，根据人们看到的天球每一昼夜旋转一周，天上的恒星相对位置不变，太阳在天球上每日由西向东移动约 1°，365.24 天运行一周这种事实。认为地球是不动的，是天球和天上的星星围绕我们旋转。这就是托勒密（Ptolemy，约 90 年—168 年）的地心说。

后来，不断有人怀疑托勒密的学说。根据是，既然我们看到的所有的星星都在运动，那么是不是我们自己在动而不是星星在动呢？无论是在西方还是在东方，在托勒密前或托勒密之后，都有这种看法。只是没有像托勒密那样经过比较精密的计算，没有办法说服人们。一直只限于少数人的看法。

到了 16 世纪，波兰的天文学家尼古拉·哥白尼（Nicholas Copernicus，1473—1543）于 1543 年出版了巨著《天体运行论》，根据已有的观测资料提出日心说，并且能够精确计算各个行星绕日的周期和距离。而且这个模型比起地心说要简单得多。后来逐渐为人们接受。

后来，赞成日心说的人虽然愈来愈多，可是，地心说还是难于认输。原因是日心说，从哥白尼起，虽然找到了愈来愈多的观测证据，按照日心说和力学的推论预言了许多天文现象。例如预言了哈雷彗星的回归（1758年），预言了海王星的发现（1846年）。但是还拿不出一样说明地球自身是在运动的实际直接测量数据。所以要彻底宣布地心说的死亡，必须要有一个确实证明地球是在运动的直接证据出来。

这项任务就历史性地落在了法国科学家傅科（Jean Bernard Léon Foucult，1819—1868，图 13-1）的身上了。

傅科早年学过医，后来对物理感兴趣。可以说是一位杰出的实验物理学家。1850年傅科改进了前人的方法测量光速，并且测量了光在水中的传播速度。他还测得光入水的折射率。此外傅科在改进照相术上做过有意义的工作。

图 13-1　傅科像

傅科有很强的动手能力，有一次把一根钢棍夹在车床的卡盘上，当拨动钢棍使它振动时，他发现在卡盘转动了一个角度时，钢棍的振动平面并不随卡盘转动。这使他联想到单摆的摆平面是不是也有相同的性质。

前面我们在《惠更斯的摆钟》一文中介绍过，惠更斯曾经仔细研究过单摆。不过他始终限制单摆在一个固定的平面内摆动。现在傅科根据钢棍振动平面的启示，要将单摆只在绳的悬挂点固定，摆锤可以在以摆绳为半径的球面上自由摆动。他发现摆平面在缓慢地旋转。啊！这不正好说明地球在旋转吗。现在你只要把地球看作车床上的"卡盘"，摆平面就是钢棍振动的平面，当地球这个大"卡盘"缓慢地旋转时，摆平面在空间不变，那么摆平面必然相对于"卡盘"缓慢地旋转。这样一个简单的设备便可以给人们演示地球在运动。经过精心的设计和制作，1851 年夏季，在巴黎国葬院(法兰西共和国的先贤祠)的大厅里一架巨型的傅科摆正式向公众表演了，图 13-2。

图 13-2

从高高的大厅的房顶上悬挂着一个摆长为 67 m 的摆，摆的下端系着一个 28 kg 的圆铁球作为摆锤。在铁球的下方镶了一枚尖针，下面放启动栓和直径为 6 m 的沙盘。傅科先把实验原理告诉大家，每当摆锤经过沙盘上方的时候，摆锤上的指针就会在沙盘上面留下运动的轨迹。按照日常生活的经验，如果地球不自转的话，这个硕大的摆应该在沙盘上面画出唯一一条轨迹。实验开始了，大摆缓慢地摆动着，每一个来回大约是 16.5 s，人们惊奇地发现，傅科设置的摆每经过一个周期的摆动，在沙盘上画出的轨迹都会偏离上一次摆动画出的痕迹(准确地说，在这个直径 6 m 的沙盘边缘,两个轨迹之间相差大约 3 mm)，每小时摆平面偏转 11°20′(大约相当于 31 h 47 min 回归到原来的摆动平面)。由摆锤的运动轨迹实验清楚地演示了地球是自转的。

你也许会产生这样的疑问，地球自转的周期是 24 h，可是为什么巴黎的傅科摆的周期却是 31 h 47 min 呢？这是因为在地球上不同纬度的傅科摆是具有不同的周期。如图 13-3，在北极的傅科摆，会与地球自转的周期相同，严格地是 24 h，可是在赤道上，傅科摆便会不随地球自转来转动，也就是说周期接近无限

大众力学丛书

大。原因是地球角速度可以看为一个向量 ω，它是指向北极 OA 的（图 13-4），在纬度为 ψ 的地方，这个向量沿 OB 的投影就是绕 OB 的角速度 ω_B。根据向量的投影公式，应当有

$$\omega_B = \omega\cos\phi = \omega\sin\psi$$

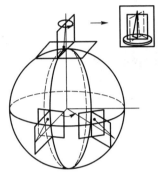

图 13-3　在北极和赤道
上的傅科摆

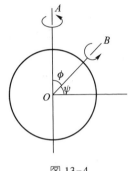

图 13-4

但是我们知道，周期是和角速度的倒数成比例的。令对应于 ω 的旋转周期为 T，令对应于 ω_B 的旋转周期为 T_B，我们便有 $T_B = T/\sin\psi$。这里 ψ 是所在地的纬度，而 T 是 24 h。所以纬度为 ψ 的地方的傅科摆的周期为

$$T_B = 24/\sin\psi$$

根据这个公式，巴黎的纬度是北纬 49°。而 $\sin49° = 0.7547$，代入上式可以得到 $T_B = 31.8$ h，这正好是在巴黎观测到的傅科摆的回归周期。我们知道北京的纬度是 39.9°，可以算得设在北京天文馆里的傅科摆回归周期应当是 37.42 h。

还要指出的是，傅科当年设计的这个演示的摆是很巧妙的。第一，摆长足够长，于是摆动周期比较长，缓慢的摆动便于人们观察摆平面的位置，以便记住每一次摆动位置的变动；第二，采用足够重的摆锤，这样做使摆动起来有足够的能量，在空气阻力之下摆动的衰减很慢。使摆动能够持续足够的时间便于观察摆平

面的转动。

由于这项设计的优秀，一时成为轰动世界进行地球自转的演示，所以后人便把它称为傅科摆。在世界各地的大学、天文台和文化机构。不断建造傅科摆。例如，在纽约的联合国大厦、北京天文馆、南京紫金山天文台等地都有傅科摆，世界各地总计有数以百计的傅科摆在运行。而且现在的傅科摆与早先傅科设计的有一个很大的改进，就是采用适当的能量输入以克服空气阻力，使摆动的摆幅永远不会改变。当年拿破仑曾经看得入迷，便指派傅科为天文台的物理学家，傅科得到这个职位后，得以将他的实验室从家里的地下室搬出来。

傅科在进行了傅科摆的演示之后，又继续寻找关于地球自转的"转动指示器"。他在 1851 年提出利用高速旋转的陀螺来显示地球的自转。高速旋转的陀螺有保持旋转轴不变的性质。他想，如果把陀螺放置在一种万向支架上，支架在地球上，地球旋转而陀螺的轴不旋转。经过不多的时间，陀螺相对于支架的变动就能够明显地说明地球的自转，他经过努力于 1852 年实现了这一想法。傅科前一年发明的傅科摆和这种新的陀螺仪都能够雄辩地证明地球的自转。所以傅科又称它们为"转动指示器"。从此万向支架(平衡环)又有一个新的名字：陀螺支架。

其实傅科的这项陀螺仪的发明，是把前人已经有的陀螺和万向支架这两项发明结合起来的结果。这两项都是很古老的发明，都有很长的历史。我们现在就来简要地回顾一下这两项发明的历史。

说起陀螺，它是一种古老的玩具。它的种类很多，有大有小，小的只有图钉大小，而大的却有数十公斤。从制作的材料来说，有木制的、金属制的，也有用象牙等贵重材料制的。玩法也有不同，有的用手指捻，看谁捻的陀螺转得时间长，有的用双手搓，还有的用鞭子抽，使它加速旋转(图 13-5)。

陀螺的名称也很多，在宋代叫"千千"，也称"妆域""干

大众
力学
丛书

乐"，是指宫女们在象牙盘中以手捻来使它转的那种小陀螺，在日本叫"独乐"是从中国经由朝鲜传入的。据考古发现，我国在 5000 年前便有陀螺出现，在世界各国的早期文化

图 13-5　抽陀螺图

中，几乎都有玩陀螺的记载，英美人称为"top"。至于用鞭子抽来加速它旋转的那种陀螺，有的地方称为"冰猴儿"，特指在冰上玩的那种，在抗日时期有的地方把这种游戏形象地称为"抽汉奸"。

　　高速旋转的陀螺，由于惯性，具有很好的稳定性，轴的方向总是保持不变。细心的人会注意到，在陀螺旋转时，会出现两种情况：一种是笔直地站立旋转，就像不动一样，它的轴处于铅直的位置；另一种是陀螺的轴不在铅直位置，这时陀螺自己旋转外，它的轴还绕铅直轴旋转。后一种情况称为规则进动。

　　对于前一种情况比较好理解，对于规则进动的情形需要加以解释。原来陀螺在初始时刻，它的轴可能不是铅直的，即和铅直轴呈一个角度。这时由于陀螺的重心处于陀螺的对称轴上，而陀螺所受的重力是铅直向下的，所以陀螺受一个对 O 点的力矩，如图 13-6。不妨假设陀螺所受的力矩使陀螺上的 B 点向下，使与 B 点

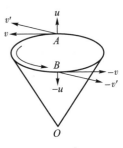

图 13-6

处于同一对称圆直径上的 A 点向上，设原来 A 点和 B 点的速度分别为 v 和 $-v$，它们都处于水平面内且大小相等方向相反。在所说的力矩作用下 A 点获得一个向上的速度分量 u，而 B 点获得一个向下的速度分量 $-u$，结果 A 点和 B 点的实际速度分别是 v' 和 $-v'$，显然这两个速度所在的平面对原来的由 v 与 $-v$ 所决定的平面改变了一个角度。这个角度使陀螺的轴发生改变，其改变的方向总是指向陀螺所受力矩的旋转面垂直，即同力矩的旋转轴平行。

当陀螺的初始位置对称轴不是铅直时，在重力作用下，陀螺受一个旋转轴沿旋转圆切线方向的力矩。从上面的分析，陀螺的对称轴也必然向旋转圆周方向不断倾斜，结果就产生规则进动的情形。这时，如图13-7(a)，陀螺的对称轴绕铅直轴做等速转动，在空中画出一个锥形。如果陀螺的初始位置对称轴不是铅直而且对称轴还有一个使倾角变化的初始速度，则陀螺进

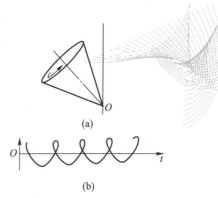

(a)

(b)

图 13-7　规则进动示意图

动时其倾角还会不断周期性地变化，对称轴和铅直轴夹角随时间的变化曲线如图13-7(b)所示。由以上分析，就会理解为什么在用鞭子抽一下陀螺时，陀螺只是摇晃一下然后又平稳地旋转下去。原来在用鞭子抽陀螺的瞬时，鞭子加在陀螺上的力主要是在陀螺转动的圆的切线方向的力，这个力除了使陀螺转动加快外，还会形成一个使陀螺倾倒的力矩，就是这个力矩会使陀螺摇晃一下，一旦这个力矩去掉，陀螺便又恢复平稳。

以 24 小时自转的地球，是一个巨大的"陀螺"，如图13-8。由于地球的形状是椭球状，当它在月球的吸引下，形成一个外力矩，由于这个力矩的作用，地球这个大"陀螺"也要产生前面所说的规则进动的情形。不过这个进动是非常慢的，大约26000年才

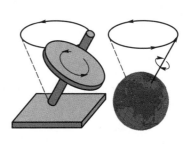

图 13-8　地球的进动

循环一周。由于这个进动，我们的地球转动的轴会缓慢地改变，过多少年后，旋转轴就会从现在的北极星附近移到别的地方了。

对陀螺运动的精确分析应当是从瑞士数学力学家欧拉开始的。欧拉把陀螺近似地简化为一个刚体绕固定点的运动，采用适当的参数（即欧拉角）来描述这种运动，并且首先弄清楚了这些参数应当满足的运动方程。这是最一般情形下刚体绕固定点运动方程，它是由3个二阶微分方程组成的方程组，称为欧拉方程。由于这组方程非常复杂，很难求解。迄今为止，只得到三种靠积分得到解的情形，而且后来人们

图13-9　支架上的陀螺

证明，只靠积分的办法，人们也仅能得到这三种解。第一种情形是欧拉自己于1765年找到的，是刚体的形状任意，其重心就在固定点，而且不受外力矩的自由运动的情形，图13-9支在支架上的陀螺就是这种情形。第二种情形是1788年由法国数学力学家拉格朗日找到的，这种情形是陀螺完全旋转对称的，固定点处于对称轴上，刚体只受重力作用，这恰好是我们通常玩具陀螺的情形。欧拉与拉格朗日情形之后，一直沉默了100年，到1888年才由俄罗斯女数学力学家索菲亚·科瓦列夫斯卡娅找到了第三种情形，即刚体的重心位于刚体回转椭球的赤道平面上，而且三个转动惯量有两个相等第三个是前两个的二倍。对于刚体绕固定点运动，此外的复杂情形，一般就都要借助于计算机作数值求解了。

我们前面介绍了陀螺运动的特点，归结起来，主要表现为两方面：一是它的稳定性，二是在受到外力矩时它以适当的倾斜来反映。经过系统的分析和研究，这两方面的运动特点都在技术上得到广泛的应用。

介绍过陀螺和对它的理论研究之后，让我们看一看万向支架的情形。中国是万向支架最早的发明国，不过最早被使用在一种可以旋转的被中香炉上。

被中香炉是中国古代用于点燃香料熏被褥的球形小炉，如图13-10。它的球形外壳和位于中心的半球形炉体之间有两层同心圆环（也有三层的）。炉体在径向两端各有短轴，支承在内环的两个径向孔内，能自由转动。用同样方式，内环支承在外环上，外环

图 13-10 被中香炉

支承在球形外壳的内壁上。炉体、内环、外环和外壳内壁的支承轴线依次互相垂直。炉体由于重力作用，不论球壳如何滚转，炉体总是保持水平状态，不会把点燃的香灰洒在被褥上。

被中香炉的记载，最早见于《西京杂记》。它是晋代葛洪（281—341）托东汉刘歆（前53—后23）之名撰写的一部笔记小说。其中有一段记载说："长安巧工丁缓者，……又作卧褥香炉，一名被中香炉，本出房风，其法后绝，至缓始更为之。为机环转运四周，而炉体常平，可置之被褥，故以为名。"这里提到的能工巧匠丁缓，他书未见。从这段记载中，可见被中香炉早就有之，只是失传后由他重新制作出现。

在汉代文人司马相如（前179—前117年）的《美人赋》中，有"金钚熏香，黼帐低垂"的句子，据宋代学者章樵注解，"钚音匜，香球，衽席间可旋转者"，可见被中香炉在公元前2世纪的西汉就已经有了。

到唐宋以后的文人著作中，提到被中香炉的，就相当多了。例如唐代词人温庭筠，在一首《更漏子》词中有："垂翠幕，结同心，待郎熏绣衾。"张泌的《浣溪沙》中有："枕障熏炉隔绣帷。"牛峤在《菩萨蛮》中又写道："熏炉蒙翠被，绣帐鸳鸯睡。"而韦庄的《天仙子》中说道："绣衾香冷懒重熏。"

明代田艺蘅在《留青日札》卷二十二中述："今镀金香毬，如浑天仪然，其中三层关楗，轻重适均，圆转不已，置之被中，而

火不复无，其外花卉玲珑，而篆烟四出。"

从晋代《西京杂记》和明代《留青日记》的描写，以及考古得到的实物，我们知道，被中香炉的构造关键在于它的外层无论怎样旋转，内层的炉子"常平"。于是，在外壳沿三个方向旋转时，内层炉子由于自重能够保持在空间位相不变，所以一般来说，内层与外层之间有三个自由度。其实对于熏被褥来说，外层在被褥之间，随便怎样转动，只要求内层炉子保持水平，而炉身绕铅垂线转动并不影响使用，所以有的炉子只有两层环。即，作为被中香炉来说，内层与外层之间有两个自由度也就够用了。这就是，为什么被中香炉的实物，有两层的也有三层的道理。

把一个物体固定在基座上，无论基座怎样旋转，要求物体的方向不会变动。这就是被中香炉最本质的功能。这种机构随着科学技术的发展有很多重要的应用。这种支架称为万向支架，也称常平支架。

西方最早提到常平支架的，是意大利学者卡丹（Girolamo Cardano，1501—1576）。他是一位医生、物理学家、数学家，并且在哲学、音乐和机械方面也有重要的工作。他在机械方面最出名的工作，就是最早给出了万向支架的设计。所以西方人把常平支架叫做卡丹悬吊（Cardan's Suspension）或者称为卡丹环。

在提到万向支架的应用方面，最早的工作是 1629 年在罗马以拉丁文出版的一本《机械》（Le Machine）的著作，作者焦瓦尼（Branca Giovanni）是一位卓越的意大利工程师。在这本书里，他提出了利用蒸汽推动叶片的蒸汽涡轮机的设计。这种构思继续发展，就产生后来实现的汽轮机和涡轮机。也是在这本书里，他提出利用万向支架来减轻车辆在颠簸不平的道路上的震动，以便运送病人。图 13-11 就是该书的一幅插图。

1852 年傅科正是把上述的陀螺和万向支架结合起来制成了一架陀螺仪，由基座、支架与转子三部分组成。支架使转子与基座之间有三个角运动的自由度。傅科用这架陀螺仪（图 13-12）证实了地球的自转，所以傅科又称它为"转动指示器"。

图 13-11　利用万向支架减震的设想

图 13-12　傅科的陀螺仪

如果说傅科摆的功能仅在于演示地球的自转，那么陀螺仪的用处就不仅限于此了。后来的历史发展表明它在技术领域显示了愈来愈大的重要性。

首先是在航海方面。指南针在古代的航海中曾经起了很大的作用，到了 19 世纪末，开始用钢铁制造轮船。指南针在钢铁围绕下便完全失效了，人们不得不另外寻求能够指示方向的装置。由于陀螺旋转的稳定性，高速旋转起来的陀螺，其旋转轴的指向是不变的。人们就把它

图 13-13　斯派瑞像

装在轮船上用来指示方向。1907 年美国人斯派瑞（Elmer Ambrose Sperry，1860—1930，图 13-13）在一艘船是装上了陀螺仪，并且于1911 年申报了专利。后来他于 1921 年生产了依靠陀螺仪自动掌握轮船行驶方向的控制装置，并且开办了公司专门从事陀螺仪的生产和改进。1908 年德国人安休斯制成了第一架可以用于航行的陀螺仪。

　　高速陀螺轴的不变性，还被用在鱼雷、舰艇、车辆上，以保证这些运动物体的平稳、减小运动时的振荡和颠簸。后来还被用在坦克车、大炮、工作平台、测量仪器乃至电影摄像机上，以保证射击、测量和摄像的准确性。

　　1907 年在英国造成了单轨汽车进行表演，靠的就是高速旋转的陀螺使它运行稳定。

　　在第一次世界大战期间，德国与美国先后把陀螺仪用在飞机上作为飞机倾斜与转弯的指示。到了 1929 年 9 月，美国人多里特（J. H. Dolit）应用无线电、陀螺水平仪、航向陀螺仪来控制飞行。在 1931 年美国人鲍格斯（M. S. Boggs）完成飞机盲目着陆，使在夜间与有云雾的天气下航行与降落成为可能。二次世界大战期间，德国人把陀螺仪安装到 V-2 导弹上来控制导弹的飞行。

　　科学技术是不断发展的，人类对航行的要求不断提高。潜水艇与宇宙航行每时每刻都需要精确了解它所在的位置。从 1957 年开始，人类开始了人造卫星与星际航行。从 20 世纪 70 年代开始，出现了核潜艇。宇宙飞船在进出大气层时，由于高温引起的气体电离，使飞船无法接收到无线电导航的信号。潜水艇在水中，水是不能传播电磁波的，根本不能靠无线电导航信号。何况人们还有从水底发射导弹等更为复杂的要求。这就要求这些潜水艇或飞船不依赖任何外来的信号来准确定位，这就是惯性导航。

　　惯性导航正是利用高速旋转陀螺的动力特性做到的。前面我们介绍过，当高速旋转的陀螺受到外力矩时，总会产生向一侧倾斜的反应。惯性导航正是利用这个规律来实现的。当潜水艇运动加减速度或拐弯时，在潜水艇上高速旋转的陀螺就会接收到由潜水艇这些行为引起的惯性力所产生的力矩，根据陀螺的反应进行分析就能够得到潜水艇在任何时刻的加速度。记录下这些加速度，并且通过积分可以求得速度，再积分一次便可以得到潜水艇的准确位置。于是从理论上说，只要知道潜水艇的初始位置，无论过多久，处在潜水艇中的人不和外部做任何信息交流就可以准确知道它在什么地方。

不过要做到这一点，在技术上还要克服许多困难。这就要求不断提高陀螺仪的加工精度以减少误差。陀螺仪从诞生以来，对它的加工精度要求越来越高，设计越来越精密。已经成为一项集精密工艺、力学、电子学、自动控制、冶金学等学科为一体的联合高技术行业。它的转子转速可达数万转每分钟，在支架的设计上，要求陀螺在单位时间内的漂移率越小越好。现在的飞机与导弹，要求漂移率每小时不超过百分之一度。因之，它的加工带动了机械加工的精度。一般精度要求在微米级，光洁度要求达到▽12～▽14。加工时还必须在恒温恒湿和洁净无尘的条件下进行。随着火箭和潜水艇技术的发展，惯性仪表在最近的 40 年里，精度大幅度提高。对精度起决定性作用的是仪表支承轴上的干扰力矩，它比初期减小了 4 个量级，即几万倍之多。

迄今人们虽然研究开发了一些其他种类的惯性导航的仪表，如激光惯性仪表等，不过在那些需要特别高精度的应用场合，传统的机械转子式陀螺仪和加速度计，仍然是首选对象。这种技术的难度和代价是相当高的，一般地说，为实现现代高精度陀螺仪的技术要其高速旋转部分的间隙需小于 $1\ \mu m$，活动部件的质心不稳定量需在 $1\ nm$ 以下，金属材料的稳定性在 1 个微应变以下，机械加工精度为 $0.1\ \mu m$，温控精度 $0.01\ ℃$，局部环境的洁净度优于 10 级，测试设备的测角精度 $0.1''$，长度测量精度 10^{-7}。据国外报道，陀螺仪的漂移速率已经做到了地球自转速率的千万分之一，这个精度相当于潜水艇在水下活动数年而位置的误差不会超过 1 经纬度。从以上的高难度的要求和所要达到的精度来说，惯性导航确确实实是一门高技术。图 13-14 所示就是美国阿波罗飞船上所使用的导航系统的外观。

由于多项发明，傅科得到了法国荣誉军团勋章，被授予英国皇家学会院士。傅科身体不好，他的一生是短暂的，只活到 49 岁，可谓英年早逝。死后他的名字作为法国历史上 72 位名人之一,一起被刻在埃菲尔铁塔下。他主要靠在家自学和自己做研究。去世后他的论文由他的母亲出资出版。他留给我们的贡献造福人类,值得我们永远纪念。

图 13-14　阿波罗上用的导航系统

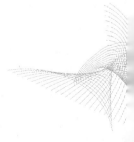

14
Section

金属会疲劳？

人的身体劳累过度会疲劳，怎么金属还会疲劳？看到这个标题会自然产生这样的疑问。

为了说明金属材料疲劳的概念，我们取一枚曲别针，把它用手指头掰直。不用任何工具，你试用手指把它拉断，试试看，即使你使尽最大的力气，不行吧。可是你只要把它来回弯曲几次，曲别针便会轻易地弄断。这个现象说明，金属材料在恒定的力作用下比起变化的力作用下有较大的强度。在变化大小的力作用下，虽然这些力远没有达到平常恒力作用下使材料破坏的程度，材料却破坏了。这种现象就称为金属的疲劳破坏。

金属材料的疲劳断裂现象，是随着近代工业的兴起被逐渐发现的。人类所建造的结构，在古代大多是承受静止的恒力结构，如房屋建筑，桥梁结构等。桥梁虽然也承受变动载荷，但古代的桥梁材料的自重比起过桥的动载荷要大许多，仍然可以近似看作承受恒力的结构。近代工业兴起后情况大不一样，首先由于金属材料的广泛采用，结构的自重大为减小，外载的变化表现得较为突出；其次是由于机械工业的兴起，转动的机器、行进的车船，其载荷大量表现为变动的载荷，引起的材料内部的应力绝大多数可以看为交变应力。于是由于疲劳断裂的事故屡屡发生，逐渐引起了人们的注意和研究。

所以可以说，金属疲劳是从近代工程中产生和发现的力学现象。它的发现是和工业中的事故相联系的。是以惨痛的事故为代价获得的知识。据估计，迄今与机械工程有关的事故大约有 90%是和金属的疲劳有关。可以想见这类问题的重要性。

我们知道，英国和德国是现代工业兴起比较早的国家，所以对于金属疲劳早期的研究，他们也是比较早。为了回顾人类对金属疲劳的认识过程，我们来介绍早期关注这类问题的四位学者。他们都是杰出的工程师。他们是德国的阿耳伯特和沃勒，英国的兰金和菲尔贝恩。

阿耳伯特

最早实际报道金属疲劳现象的是德国的一位矿业管理者阿耳伯特(Wilhelm August Julius Albert, 1787—1846，图 14-1)。他是 1803 年进入哥廷根大学学习法律的，早年便对音乐表现出特别的天赋。他 1806 年对矿业产生兴趣，直到 1836 年被任命为哈兹矿区的总负责人。

图 14-1　阿耳伯特像

1829 年，他注意到矿井提升机的铁链的破坏。矿井提升机的铁链，是提升时受拉力，停止提升时又不受力。经常处于载荷变化状态。他发现经过若干次载荷重复之后，铁链会断裂。他不仅报道了这一现象，并且建造了一架试验机(图 14-2)专门用于试验重复载荷下的铁链强度。他发现，铁链的断裂并不是由于事故时超过了允许载荷，而是和事故发生时循环载荷重复了多少次有关。他的这些研究论文(Über Treibseile am Harz)发表于 1837 年。

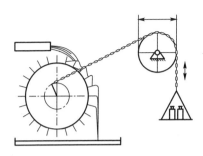

图 14-2　阿耳伯特的疲劳试验机草图

阿耳伯特对矿山的另一贡献是他发明了钢丝绳。被后人称为阿耳伯特绳。于 1834 年首次用于矿山。这种钢丝绳，就是现今钢丝绳的最早的形式。

兰金（William John Macquorn Rankine,1820—1872,图 14-3）出生于苏格兰一个从事法律与银行业的家庭。从 1834 年起，他在军事与海军学院学习数学。1836 年转入爱丁堡大学学习物理和自然哲学。早年在 J. B. 麦克尼尔指导下成为工程师，1855 年起担任格拉斯哥大学土木工程和机械系主任。1853 年被选为英国皇家学会会员。兰金最重要的贡献是他系统地发展了蒸汽机或者说一般的热机的理论，在

图 14-3　兰金像

1849 年，他发现了饱和蒸汽压与温度的关系，他利用这一理论建立了对于有潜热液体的气体的温度压力和密度的关系。由此他准确解释了饱和蒸汽的表观比热为负值的奇怪现象。其后兰金进一步把这些结果应用于能量守恒定律的更为广义的表述，继承和发扬了托马斯杨关于能量的概念。利用热力学理论，他给出了在气体激波传播时激波前后物理量的关系，这种关系也被后人称为兰金-于戈尼奥条件（Rankine-Hugoniot condition）。

兰金是最早关注金属疲劳问题的学者之一。在 1842 年 5 月 8 日(星期日)下午 5：30 由凡尔赛公园(Gardens of Versailles)返回巴黎的一列载有 770 位乘客的火车发生严重事故，数百人受伤，死亡人数估计在 52 到 200 之间。事故是首先由于车头的一根轴断裂引起列车出轨造成的。兰金注意到车轴断裂开始于脆性裂纹的增长，并且最早对由于疲劳引起轴断裂进行了系统的研究。他发现裂纹是从车轴的颈部应力集中的地方逐渐扩展造成的。

兰金关于轴断裂的论文(On the cause of the unexpected breakage of the journals of railway axles, and on the means of preventing such accident by observing the law of continuity in their construction)是 1842 年发表的。他在论文中说："裂纹的出现是从一个光滑的、形状规则的、细小的裂缝开始，在轴颈周围逐渐扩大，其穿入深度的平均值达到半英寸。它们好像是从表面逐渐朝向中心穿入，直到中心处的好铁不够支持所经受的震动为止。"

兰金在土力学、挡土墙和边坡稳定方面、在造船与结构力学方面都有重要的研究工作。他主编的《应用力学手册》(1858)是一部在工程界影响深远的参考书。

兰金的才能是多方面的，他是一位有相当水平的业余歌唱家，钢琴弹得很好，还善于大提琴演奏，此外还写过不少诗歌。兰金终身未娶。

最早使用金属疲劳(fatigue of metal)这一术语的是英国人 F. Braithwaite。他在 1854 年发表的论文题目是 ON THE FATIGUE AND CONSEQUENT FRACTURE OF METALS。论文描述了大量啤酒设备、螺旋桨、曲轴、杠杆、铁路用的轴等零部件的疲劳断裂例子。

菲尔贝恩

菲尔贝恩(Sir William Fairbairn, 1789—1874, 图 14-4)是一位出生于苏格兰的土木工程师、结构工程师，还是一位造船家。

菲尔贝恩生于火车、轮船发明后飞速发展的时代，又是钢铁作为新型结构材料大量使用的时代。适应时代的要求，他做出了巨大的贡献。他组织生产火车机车，并且研究改进了锅炉；他组织生产最早的一批内河机动轮船，和最早的一批以锻铁为主要结构材料的轮船。他参加建设英国第一条铁路，并且设计以矩形管状结构的铁材桥梁，并且在桥梁建设中使用超静定梁。为此他研究锻造铁

图 14-4 菲尔贝恩像

材和钢材的强度、试验方法和加工技术，并且有专著出版。

为了检验钢铁材料的强度，特别是板材的强度，菲尔贝恩设计并建造了巨型的试验装置。如图 14-5，H 处是被试的试件，加载是靠一根巨大的杠杆实现。后来，这种试验装置在梁的加载端采用旋转的凸轮施加交变载荷以进行疲劳试验。

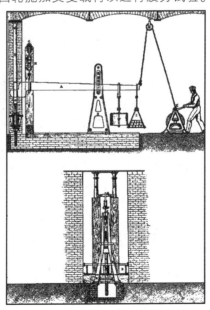

图 14-5 菲尔贝恩的材料试验机

在火车行驶的早期，经常有锅炉爆炸的事故。这是由于锅炉时而有高气压，时而放气后处于低气压所引起的材料疲劳。菲尔贝恩接受国会的委托进行锅炉强度的研究。根据前人研究的结果，一般认为，把交变应力的最大值，设计为静止条件下强度的三分之一就是比较安全的。菲尔贝恩经过自己的试验，为安全起见，建议交变条件下的锅炉应力应当取静强度的四分之一，则锻造铁对交变应力耐受 3000000 次循环仍然是安全的。

菲尔贝恩关于锻铁强度和疲劳的研究，不仅保证了机车的安全运行，而且保证了钢铁桥梁的安全。他为此申报了多项专利。

沃勒

沃勒（August Wöhler, 1819—1914, 图 14-6）是德国工程师。
他以对金属疲劳问题的系统研究而著名。
他出生于德国的汉诺威省，大学毕业后得到一个到铁路机车厂和铁道建筑工程实习的机会。1843 年又获得到比利时进修机车制造工程的机会。回国后任汉诺威铁路机械厂厂长。1847 年又调任另一机车车辆和机械厂厂长，为此在法兰克福待了 23 年，在那里进行了许多重要的研究工作，特别是关于金属疲劳问题的研究。

图 14-6　沃勒像

沃勒最早的研究主要是为了防止机车轮轴的断裂。他首先设计了一种安装在运行机车车轴上的装置，能够记录机车运行中车轴的变形，根据变形的挠度又能够计算出运行中车轴中的应力。

其次，他设计和建造了对轴进行疲劳强度测试的试验机，如图 14-7。

圆中 ab 在支承 cd 之间以 15 转每分钟旋转。ef 和 kl 两轴插入转子内，借弹簧力将它们弯曲，弹簧力是借轴套 e 和 l 传递到轴上的。

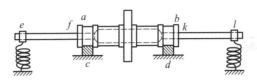

图 14-7 沃勒的疲劳试验机

为了节约时间和材料，沃勒采用小试件进行了大量的试验。他研究指出，交变应力的最大最小相差的幅度与疲劳周期的关系，比起只考虑最大应力要重要得多。他还引进了持久极限的概念，亦即能够持久循环不断裂的最大应力。他还建议设计时无论是静态还是动态情形，都应当取安全系数为2。

他最后得到强度应力和应力循环次数的关系的一条曲线或称 S-N 曲线。这就是后人所称的沃勒曲线。图 14-8 是一种铝合金的 S-N 曲线，对于全面了解材料在循环载荷作用下的行为能够起到重要的作用。后来人们发现，这条曲线不仅和材料的种类有关，还与试验的温度、材料是不是受腐蚀以及表面光滑程度有关。

沃勒在管理机车生产过程中，根据他的研究的结果制定了十

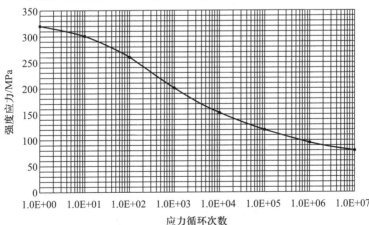

图 14-8 一种铝合金的 S-N 曲线

分严格的设计规范和对材料检验的严格要求。

小结

我们这里介绍了四位杰出的工程师，他们发现了金属疲劳现象并进行了最早的研究。其实即使在他们同时代也还有一些别的研究者研究这一问题。这说明随着金属材料在机械工程和结构工程中大量应用，所出现的问题是大量的、众所瞩目的，也是尖锐的。

其次，我们这里介绍的关于金属疲劳的研究，仅仅是这一复杂问题的开始。他们的研究虽然减少了一批事故，不过由于新材料和新的运行环境，还是有新的事故和新的挑战。迄今，材料的疲劳问题也不能说是完全解决了，还是有新的问题需要研究解决。

19世纪所遇到的机车车轴断裂和锅炉爆炸问题，它们的交变应力大致是能够测量和估算出来的。后来我们遇到飞机、轮船的受力问题，由于飞机所遇到的突风和轮船遇到的波浪所产生的载荷是随机的，在这种条件下的交变应力的幅度也是随机变化的。所以仍然有事故不断发生。

1954年1月10日，英国一架彗星客机由罗马飞往伦敦，突然爆炸解体。机上29名乘客和6名机组人员全部遇难。彗星客机自1949年产出第一架起共生产了114架，其中有13架发生事故而损坏，先后有6次爆炸事故，累计造成超过百人殉难，大部分是由于材料的疲劳断裂而引起的。于是英国撤销了该型飞机的民航服务，彗星客机于1964年停产。

2007年11月2日，美国空军一架F-15战斗机在执行训练任务时，作 $7.2g$ 机动飞行，发生机头折断(图14-9)，飞行员跳伞成功，造成同型号飞机停飞待查。经调查宣称：此次事故是由于飞机折断处的一根有缺陷的金属纵梁断裂所致，这对其他飞机无大碍。

在第二次世界大战期间，美国的 5000 艘货船共发生 1000 多次破坏事故，有 238 艘完全报废，其中大部分要归咎于金属的疲劳。

图 14-9 F-15 战斗机飞行时机头折断

我们举这些例子，无非是说明，金属疲劳问题，尽管有一百多年的研究，可是它仍然是现代工程技术最尖锐的问题之一。凡是一种新结构材料出台并大力应用之前，必须对它进行强度和疲劳方面的研究。疲劳研究已经形成一个庞大的研究领域，无论从研究队伍的规模上、投入的研究经费上，还是从需要研究问题的复杂程度上，都不是一般课题所能够相比的。这些研究，不仅要求通过实验获得进行强度设计的可靠数据，还要求对疲劳断裂发生的机理进行探讨。因之疲劳研究和新兴的断裂力学联合交叉，在研究方法上又和统计物理和随机过程理论密切相关。疲劳问题需要多学科联合研究。

所以，金属疲劳可以说是从 19 世纪发现，至今仍是一类研究的热门课题。

参考文献

[1] （美）铁摩辛柯 S P. 材料力学史[M]. 常振檝，译. 上海：上海科学技术出版社，1961.

[2] Walter Schutz. A history of fatigue[J]. Engineering Fracture Mechanics, 1996, 54(2)：263-300.

结构工程师和骨科医生的产儿

——沃尔夫定律

恩格斯在《自然辩证法》中说："数学的应用：在固体力学中是绝对的，在气体力学中已经比较困难了，在物理学中多半是尝试性的，在化学中是最简单的一次方程式，在生物学中等于零。"

恩格斯的这本书是写于 1873—1886 年之间的。他所说的"固体力学"实际上应当指的是刚体和质点力学。在他的时代按照通常的理解，连续介质力学，包括流体力学和现今所称的固体力学，是属于物理的领域，当时流体力学的纳维-斯托克斯方程刚提出不久，弹性力学也没有太丰富的内容，所以恩格斯认为"在物理学中多半是尝试性的"。

在生物学中，当时数学的应用虽然比起力学来说要少，但也并不就是零。孟德尔宣读自己关于豌豆遗传实验的统计结果的时间是 1865 年。伽利略 1638 年出版的《关于两门新科学的对话》中已经用相当准确的语言论证了："身体愈小，它的相对的强度就愈大。因此一只小狗也许能够在它的背上携带和它一样大的两只或三只小狗，但是我相信一匹马甚至驮不起和它大小一样的一匹马。"更不必说丹尼尔·伯努利在 1738 年出版的《流体动力学》所阐述的精密流体力学中的第一个普遍原理,伯努利定律,就是从研究血液的流动和血压的关系中得到的。而 1840 年泊肃叶发表的《流体通过细管运动的实验研究》,论文说明在圆形管道中流体的流速是按照半径的抛物线规律分布的,这是管道黏性流体力学的第一个准确解,也是从仔细观察血管中血液的流动中得到的。而后面这两篇著作,既是生理学的经典著作,也是力学的经典著作。这些成果都是发表在恩格斯自然辩证法发表之前的。

力学是和数学结伴而生并且携手成长和发展起来的学科。尽管从 19 世纪中叶,大约就是从恩格斯写《自然辩证法》的那个时代起,在哲学界,就不断兴起对自然科学中的机械论和还原论的讨伐,并且为力学的发展划定了一定的范围,力学的研究者不可越雷池一步。但是,用数学力学的方法研究天体、研究化学反应、研究地质、研究气象和天气预报,乃至研究生物,都在不断发展并且不断取得辉煌的成果,历史的发展表明力学的研究是在不断扩大自己的范围,从未受那些批判和限制的影响。

我们在这里要介绍的是,在 19 世纪后半叶逐渐明朗起来的关于生物学和力学的密切关系,也就是生物力学发展比较早期的一个重要定律的形成过程。这就是以沃尔夫命名的沃尔夫定律。沃尔夫定律指的是:骨在需要的地方就生长,在不需要的地方就吸收。即骨的生长、吸收、重建都与骨的受力状态有关。是 19 世纪德国的外科医生朱利叶斯·沃尔夫(Julius Wolff, 1836—1902)的重大发现。后来被称为沃尔夫定律。

两位隔行名家的交往

俗话说"隔行如隔山"。是说,不同行的人之间很少交往。我们这里却说的是两位不同行的名家的交往。他们是生理和解剖学家迈尔(Georg Hermann von Meyer, 1815—1892,图 15-1)和结构力学家和土木工程师库耳曼(Carl Culmann, 1821—1881,图 15-2)。他

大众
力学
丛书

们二人都出生在当时的德国，后来都到瑞士的苏黎世当教授。迈尔是在苏黎世大学的解剖学院教学，后来当上了医学院的院长。而库耳曼从 1855 年成为瑞士工学院（Swiss Federal Institute of Technology，Zürich）工程科学的主持人。

图 15-1　迈尔像

图 15-2　库耳曼像

苏黎世有一个自然科学协会（Society for Natural Science，Zurich），这两位于 1866 年都参加了这个协会。从此交往便多起来，并且相互产生了很深的影响。

库耳曼在 1866 年出版了一本重要著作《图解静力学》（Graphical Statics），这是一本大学教科书，书中根据他以往的学习经验和独立研究得到的关于用图示的方法来计算结构的受力分析。特别是，他发展了一套分析结构中主应力轨道的方法，用来揭示应力在固体内传递的过程。图 15-3 就是他解释悬臂梁的主应力轨道的一幅插图。瑞士工学院成立于 1854 年，库耳曼是该校第一个土木工程方面的教授。他被誉为工程中图形法的先驱，

图 15-3　库耳曼关于悬臂梁的主应力轨线

影响了整个一代工程师。他的杰出学生中有莫尔（Christian Otto Mohr，1835—1918），以提出材料力学中莫尔圆和改进求解超净定结构的力法而著名，有柯什林（Maurice Koechlin，1856—1946），他受雇于埃菲尔公司部，以协助埃菲尔进行巴黎埃菲尔铁塔的结构设计而出名，在设计中使用了由库耳曼总结的图解法。

1867年迈尔发表了一篇很重要的论文《海绵状结构》（Architectur der Spongiosa），他发现骨头的微细承力部分是一种海绵状的结构。论文说不同的骨骼乃至同一骨骼的不同部位的结构是有区别的，如图15-4。文中他强调与库耳曼讨论对于他得到这些结果的作用。他描述当他表达人体大趾和后跟形成的脚拱的骨小梁结构时，库耳曼建议图样应当是按照由于外载而产生的主应力轨道来分布的。迈尔和库耳曼对人的大腿骨的上端的骨小梁结构与一个弯曲的、起重机样的、无回转的实体的单腿受力条件下的大腿模型由数学计算得到的主应力轨道进行了对比。后面的这种假想的结构，人们称之为库耳曼起重机，后来有人真的按照他提

大众
力学
丛书

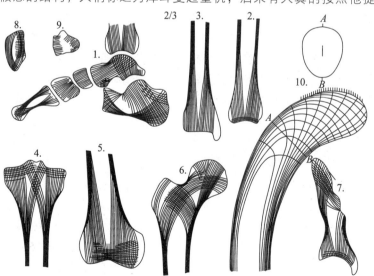

图 15-4　迈尔论文的插图

供的主应力轨道做出了一架实际的起重机。迈尔说，除了外力之外，还有一些因素对骨骼有影响，如截面的分布、肌肉和韧带的机械影响，都能够解释和修正骨小梁系统的分布。

其实，迈尔在与库耳曼相遇之前，1661 年出版过一本通俗小册子《为什么鞋子会夹脚》(Why the Shoe Pinches)，在迈尔的著作和论文中经常是引用结构和力学的概念来处理问题。这本书是从脚的解剖以及行走受力的角度来讨论舒适的鞋子的式样。并且讨论了由于鞋子不合适导致的脚变形，诸如拇趾外翻等毛病。这其中就有一种朴素的力学方面的思考。在与库耳曼交流后，迈尔的解剖学就进一步和力学知识相结合，达到了一个新的高度。1883 年他又出版了一本通俗小册子《语言的器官》(The Organ of Speech)，书中对语言的发声和共鸣器官进行了解剖学上的仔细讨论。他在序言中说："这本书将激起所有的受过教育的人的兴趣，特别是引起那些从事语言学研究以及全部音乐家的兴趣。"

库耳曼则从交流中获得由解剖学带来的灵感，把它用于结构设计。他认为骨骼上的每一个小的单元格都不会是混乱无序的，它们都分别承担总体结构所要它承担的一块砖石的作用。他的学生柯什林在设计埃菲尔铁塔结构时，在铁塔基部的桁架构造上就是按照库耳曼起重机的主应力轨迹来布置桁杆的。这被后人引述为仿生学最著名的案例。即开始了人类在工程建设中自觉地模仿生物的器官和结构的某种功能，作为仿生学的开端。

沃尔夫的工作

迈尔 1867 年的论文发表后，并没有引起多少人的注意。这可能一方面是由于迈尔没有进一步给出通俗的解释，另一方面是由于当时的生理学和解剖学的学者缺少力学知识。不过他的结果却引起了一位年轻的外科医生的注意。他就是沃尔夫(图 15-5)。

在 1869 年沃尔夫见到了迈尔，向他请教了一些问题，并且获赠了迈尔的论文。此外，他还拜访了一些有名的力学家，如库耳曼和他的学生莫尔。1870 年沃尔夫发表了一篇论文《骨头的内部结构和对于骨头转换的重要性》。论文继承了迈尔的分析方法。沿着迈尔的论文做进一步的探讨。他首先说：迈尔的工作"并没有引起足够的重视。而我看来，它也许是在生理学中迄今最异乎寻常的发现。因而这是一

图 15-5　沃尔夫像

个恰当的时机去唤起对迈尔的发现的重视并沿着它进行研究，这也许是我的责任。"

　　沃尔夫后来集中精力于人体大腿骨上端的力学与内部结构的研究。他说："这是由于我异常高的兴趣所在以及去填补迈尔研究的空隙的必要。"沃尔夫的这篇文章篇幅有六十多页。仔细介绍了大腿骨的剖面和内部结构（如图 15-6）。他不仅接受了库耳曼关于主应力轨道的概念，而且具体发现和进一步研究了沿主应力轨道分布的骨内部结构。他还发现，在腿骨中部的外层骨质比较密实的部分，愈到顶端愈变薄，最后完全消失。沃尔夫认为，在腿骨的中部，其承力作用比较接近一根梁，所以比较密实的骨质分布在骨头的周边。而接近腿骨的端部，受力比较复杂，并不只是简单地受拉伸和压缩。还会有剪应力。而且由于人的姿势的变动，受拉伸和压缩部位和方向也在变动，所以骨头的构造就由分散的内部骨小梁来承受（如图 15-7）。

　　他在论文结束时阐述了这样的观点，当在正常的受力条件下骨质切除后，还会恢复原来的骨结构，对于一个佝偻病人的骨头，当恢复正常时，他的骨质结构也会恢复正常。看来当骨头不再受弯曲时，它的骨小梁就会消失。遵照这种想法，他开展了整形外科的手术，成为德国较早的整形外科医生，并且使整形外科成为外科的一个新的门类。

大众
力学
丛书

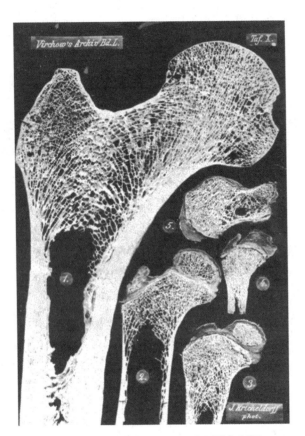

图 15-6　沃尔夫给出的大腿骨上端的剖图

　　经过二十多年的潜心研究和临床观察，到 1892 年沃尔夫发表了他最重要的著作《骨转换的定律》（Das Gesetz der Transformation der Knochen. August Hirschwald，Berlin）。

　　在这本书中沃尔夫阐述了骨骼生长和所受应力的关系。他说："人或者动物的骨骼受应力的影响，负荷增加骨增粗，负荷减少骨变细。骨折再塑过程的变化规律。骨折后如有移位，在凹侧将有明显骨痂形成，其内部骨小梁将沿着压应力的传递方向排列，而在凸侧将有骨的吸收。骨力求达到一种最佳结构，即骨骼

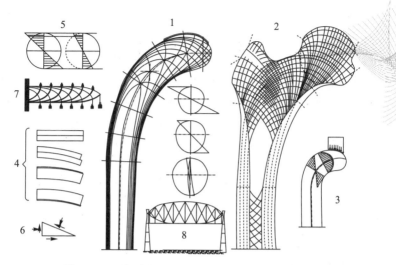

图 15-7 沃尔夫给出的大腿骨主应力轨道和实际
骨小梁分布图及其结构比拟

的形态与物质受个体活动水平的调控，使之足够承担力学负载，但并不增加代谢转运的负担。"

图 15-8 中两幅图取自沃尔夫的著作。人的股骨，在人体的各种骨骼中，所受的工况比较简单，所以沃尔夫主要以它为对象进行分析。结论表明骨密度和所受应力是密切相关的。沃尔夫还说："骨骼重新形成的规律是一种数学定律，遵照它骨骼的内部

图 15-8 人的股骨的骨小梁的分布和
主应力的方向是相合的

结构和外形的改变是骨骼所受应力变化的结果。"沃尔夫的这些论述，被后人概括为沃尔夫定律。

沃尔夫的著作，在很长的时间里很少有人注意。直到 1989 年才被翻译为英文。成为生物力学的经典文献。近年来的研究愈来愈证实他的结论的正确。例如宇航员在失重状态下，腿和脊椎内骨质损失速度为每月 2.7%，髋骨内骨质损失速度缓慢些，为每月 1.7%。在太空中待了三个月后，一些宇航员可能会出现肌肉萎缩，甚至会失去多达 30% 的肌肉块。有的人回到地球上后还会出现骨折的严重问题。近年来有人把老年运动员和年龄相仿的一般老年人的腰椎骨的骨密度进行比较，发现老年长跑运动员的骨密度非常显著地高于一般老年人的骨密度，这说明运动不但使人骨增粗、皮质骨加厚，而且也使骨密度增高、关节活动灵活，能够承受较大负荷。对老年人来说，尤其是绝经后妇女可预防和少患骨质疏松症，减少老年人骨折发生率。

将沃尔夫定律用于骨折治疗上，以往对骨折的病人，主张病人减少活动，主张静止。由于有沃尔夫的研究，说明当骨骼承受载荷时生长比较快。所以现今主张骨折病人尽早活动。

与此相关联的，有人将沃尔夫定律拓广。得到人体或动物的肌肉和软组织也是，在承受外力的条件下会生长得强壮。

沃尔夫定律，是把力学与生命现象相联系的一个定律。尽管它的精确性没有像数学、物理和力学中许多定律那样精密。不过，由于生命现象的复杂性，能够有这样一个定性的定律，已经是经过许多年的观察和实验的总结。直到近年来它的进一步精确化和定量化仍然是人们研究所关心的热门问题。这类研究内容也成为一门新的学科——生物力学的主要内容。

沃尔夫定律的总结是和不同行业的学者相处和交流密切相关的。在现今多学科交叉和新的交叉学科不断涌现的情况下，提倡不同学科的学者交流和合作是很有意义的。科学不仅要师徒传承，更需要同行和不同行之间切磋才能发展。

参考文献

[1] Skedros John G MD, Brand Richard A MD. Biographical Sketch: Georg Hermann von Meyer (1815-1892) [J]. Clinical Orthopadics and Related Research, 2011, 469: 3072-3076.

[2] Meyer GH. Die Architectur der Spongiosa [J]. Reichert und Du Bois-Reymond's Archiv. 1867, 8: 615-628.

[3] Julius Wolff. Über die innere Architektur der Knochen und ihre Bedeutung für die Frage vom Knochenwachstum [J]. Virchow's Archiv, 1870, 50(3): 389-453.

[4] Julius Wolff. THE 'LAW OF BONE TRANSFORMATION' [J]. Biological Reviews, 1991, 66(3): 245-273.

大众
力学
丛书

郑重声明

高等教育出版社依法对本书享有专有出版权。任何未经许可的复制、销售行为均违反《中华人民共和国著作权法》，其行为人将承担相应的民事责任和行政责任；构成犯罪的，将被依法追究刑事责任。为了维护市场秩序，保护读者的合法权益，避免读者误用盗版书造成不良后果，我社将配合行政执法部门和司法机关对违法犯罪的单位和个人进行严厉打击。社会各界人士如发现上述侵权行为，希望及时举报，本社将奖励举报有功人员。

反盗版举报电话　（010）58581999　58582371　58582488

反盗版举报传真　（010）82086060

反盗版举报邮箱　dd@hep.com.cn

通信地址　北京市西城区德外大街4号

　　　　　高等教育出版社法律事务与版权管理部

邮政编码　100120